跟我學 Office 2021

2021

雲端Office就是您的行動辦公室

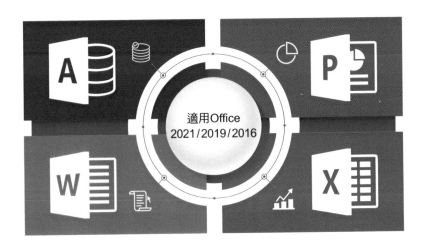

適用Office
2021 / 2019 / 2016

跟我學 Office 2021(適用 Office 2021/2019/2016)

作　　　者：志凌資訊　劉緻儀 / 江高舉
企劃編輯：江佳慧
文字編輯：江雅鈴
設計裝幀：張寶莉
發 行 人：廖文良

發 行 所：碁峰資訊股份有限公司
地　　　址：台北市南港區三重路 66 號 7 樓之 6
電　　　話：(02)2788-2408
傳　　　真：(02)8192-4433
網　　　站：www.gotop.com.tw
書　　　號：ACI035300
版　　　次：2022 年 04 月初版
　　　　　　2024 年 08 月初版四刷
建議售價：NT$450

國家圖書館出版品預行編目資料

跟我學 Office 2021(適用 Office 2021/2019/2016) / 劉緻儀, 江高
舉著. -- 初版. -- 臺北市：碁峰資訊, 2022.04
　　面；　公分
　　ISBN 978-626-324-127-5(平裝)
　　1.CST：OFFICE 2021(電腦程式)
312.49O4　　　　　　　　　　　　　　　　111002952

序,
PREFACE

Office 2021 是繼 Office 2019 之後，最新一代的 Office 套裝軟體；如果您是 Microsoft 365（2020 年 4 月 21 日微軟正式將 Office 365 改名為 Microsoft 365）的使用者，只要仍在訂閱期間，就永遠維持在最新版本的狀態；換句話說，Microsoft 365 包含所有 Office 2021 的功能，它們皆能與 Windows 10、11 作業系統完美搭配！

Microsoft 365 是一套能夠提升個人工作效率與商務應用整合的辦公室應用程式，對於個人工作上的需求，提供雲端技術，只要透過 OneDrive 個人雲端儲存空間，就可以從平板、智慧型手機線上共同編輯文件；另外，它也提供完整的文件保護措施，讓您輕鬆地與多人進行共同作業，所有的使用者都可以安心地執行 Office 相關工作。

任何一本書籍可以順利出版、銷售，圖書公司扮演非常重要的角色，感謝碁峰資訊所有同仁在印前與輸出端的盡心協助，沒有您們的辛勞，這本書無法呈現在讀者面前！希望此書能帶給需要者最大的幫助，同時期望老讀者、新讀者能鞭策與激勵我們，讓我們更有動力得以繼續在此領域向前行！

劉緻儀 • 江高舉
2022 年三月於高雄

Contents

Contents

✛ Word 表格與圖形物件　　　Chapter 3 ◀

Contents

Contents

➕ 編輯 Excel 電子試算表　　Chapter **6** ◀

Contents

► Chapter **7**　**建立 Excel 表格與圖表** ➕

► Chapter **8**　**Excel 樞紐分析表與分析圖** ➕

Contents

✚ 製作 PowerPoint 簡報　　　Chapter 9 ◀

✚ 投影片佈景、母片、動畫與轉場效果　　Chapter 10 ◀

Contents

Chapter **11** 播放與輸出 PowerPoint 簡報 ➕

Chapter **12** 建立 Access 資料庫 ➕

Contents

➕ Access 資料庫的關聯與查詢   Chapter **13** ◀

➕ Access 資料庫表單與報表   Chapter **14** ◀

Contents

Chapter 15　使用 Office 圖片與圖案 ➕

雲端辦公室 Microsoft 365

Office 2021 是繼 Office 2019 之後用於個人電腦的最新版本，它可以與 Windows 11 作業系統完美搭配。為了讓平板裝置的使用者在有限的空間中操作自如，新的介面設計盡量減少功能區，以便使用者擁有更大的內容編輯空間。它針對個人工作上的需求，提供更多、更方便的資訊服務；同時供大量的雲端技術，只要透過 OneDrive 個人雲端儲存空間，就可以從平板電腦、智慧型手機線上同步編輯文件。它也提供更多的線上資訊、範本和圖庫，讓使用者更容易存取相關資料；而為了方便多人進行共同作業，還提供完整的文件保護措施讓使用者可以安心地執行所有的 Office 工作。

1-1　使用 Microsoft 365，還是 Office 2021

Microsoft 365 是一種「訂閱服務」，這項服務包含所有 Office 應用程式和其他雲端生產力服務的線上存取功能，適合於個人、家庭以及不同規模的企業使用，而且可以隨時將 Office 應用程式保持在最新狀態。

如果你是 Microsoft 365 家用版的使用者，只要一人訂閱就可以全家共享，可讓最多 6 位使用者在 Windows 或 Mac 作業系統的電腦上使用；只要持續訂閱 Microsoft 365，就無須操心 Office 的升級作業。最重要的是，可以隨時在任一部電腦上解除使用權，然後再授權到另一部電腦，從此不需要再擔心使用了非正版的軟體。針對被解除 Microsoft 365 使用權限的電腦，仍然可以檢閱 Office 的相關文件。

Office 2021 是「買斷型」購買，支付一次費用只能為 1 部電腦取得 Office 應用程式且永久使用，無法享受 Microsoft 365 所提供的任何服務。採用此種方式所安裝的 Office，連線上網時系統會自動取得安全性上的更新，但無法取得任何新的功能；換句話說，日後推出最新版本時，必須再次購買 Office，無法直接升級。

1-2　認識 Office 使用者介面

Office 的使用者介面採用「以結果為導向」的設計概念，讓經常會使用的功能自動展現，且在套用指令的當下可以即時預覽，再輔以豐富的圖庫和影像效果，搭配視覺化的操作方式，學習時很容易就能上手。

Office 2021可以安裝在 Windows 10 和 11 作業系統，但本書的各項操作皆是在 Windows 11 並以 Microsoft 365 方式來說明。安裝之後即可透過下列方式啟動 Office 的各項應用程式：

● 點選 **開始**  鈕，如果已將 Office 應用程式個別「釘選」到 **開始畫面**，直接點選即能啟動。

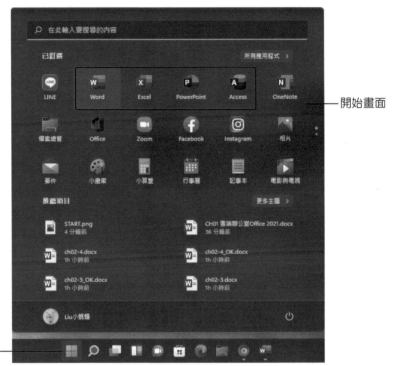

開始畫面

開始鈕

● 如果已將 Office 應用程式個別「釘選」到 **桌面** 的 **工作列** 上，請直接從 **工作列** 點選要啟動的應用程式。

● 開啟 **檔案總管** 視窗，快按二下所要開啟的 Office 文件檔案，即會以對應的應用程式開啟指定的檔案。

快按二下

1-2-1 認識 Word 操作環境

Word 文書編輯軟體一向是家庭、學校、和企業辦公室中最受歡迎的工具，除了 **標題列** 與 **索引標籤** 擁有與應用程式對應的色彩之外，簡潔的操作介面便於使用者編輯、檢閱文件，輕鬆完成資料的整合建立賞心悅目的專業文件！

1 快速存取工具列
2 標題列：顯示檔名、格式版本
3 功能區索引標籤
4 功能區
5 功能區群組
6 功能區指令
7 對話方塊啟動器
8 定位點按鈕
9 尺規
10 文件編輯區
11 狀態列
12 關聯式工具索引標籤
13 Microsoft 搜尋
14 即將推出的功能提示
15 視窗最小化鈕
16 視窗最大化 / 還原鈕
17 應用程式關閉鈕
18 Microsoft 帳戶
19 迷你工具列
20 快顯功能表
21 檢視模式切換鈕
22 調整文件的檢視比例

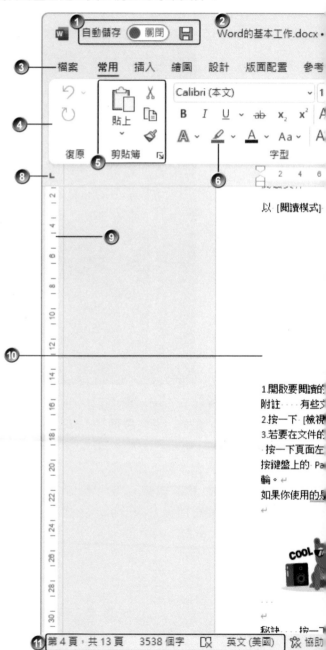

1-2-2 認識 Excel 操作環境

Excel 能夠以最高的效率與最簡化的方式，處理電子試算表的工作。無論是

1. 快速存取工具列
2. 標題列：顯示檔名、格式版本
3. 功能區索引標籤
4. 功能區群組
5. 功能區指令
6. 資料編輯列
7. 名稱方塊
8. 全部選取盒
9. 欄名
10. 列號
11. 目前所在儲存格
12. 滑鼠游標
13. 迷你工具列
14. 快顯功能表
15. 狀態列
16. 工作表標籤
17. 關聯式索引標籤
18. Microsoft 搜尋
19. 即將推出的功能提示
20. 視窗最小化鈕
21. 視窗最大化 / 還原鈕
22. 應用程式關閉鈕
23. Microsoft 帳戶
24. 垂直捲動軸
25. 水平捲動軸
26. 檢視模式切換鈕
27. 調整工作表檢視比例
28. 樞紐分析表欄位工作窗格
29. 對話方塊啟動器

在活頁簿中執行計算、分析、建立圖表…等工作，或者進行工作表的編輯、美化…
等作業，輕輕鬆鬆就可以達到所設定的標準。

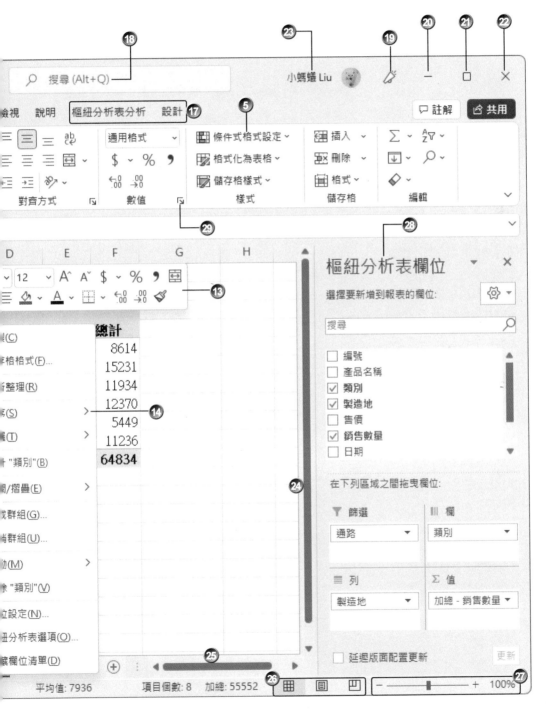

1-2-3 認識 PowerPoint 操作環境

PowerPoint 提供許多好用的簡報製作工具，包括：手寫筆跡、影音剪輯、

1 快速存取工具列
2 標題列：顯示檔名、格式版本
3 功能區索引標籤
4 功能區群組
5 功能區指令
6 對話方塊啟動器
7 標準模式的投影片縮圖
8 狀態列
9 備忘稿編輯區
10 簡報編輯區
11 關聯式索引標籤
12 Microsoft 搜尋
13 即將推出的功能提示
14 視窗最小化鈕
15 視窗最大化 / 還原鈕
16 應用程式關閉鈕
17 Microsoft 帳戶
18 迷你工具列
19 快顯功能表
20 上一張投影片鈕
21 下一張投影片鈕
22 檢視模式切換鈕
23 調整投影片檢視比例

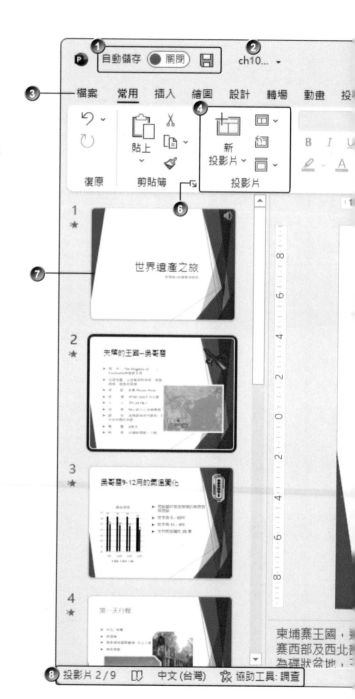

簡報動畫、智慧簡報者模式…等酷炫功能，讓你可以快速建立各式專業的投影片，此外也可與他人共用同一份簡報。

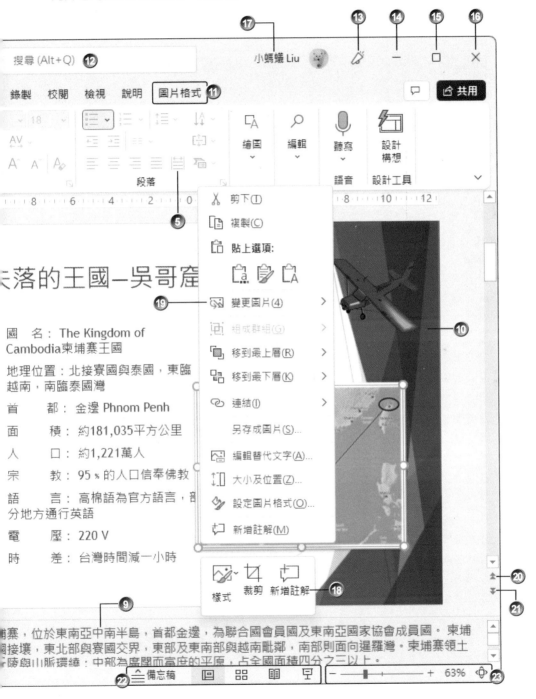

1-2-4 認識 Access 操作環境

使用者透過 Access 可以選擇套用資料庫範本，或是從頭開始建立商務資料庫應用程式。它採用直覺式的設計工具，可以在快速開發資料庫的同時還能美化使用者介面。

說明

Office 2021 裡面沒有包含 Access 應用程式，而 Microsoft 365 的 Access 僅提供給個人電腦使用，無法在智慧型裝置上使用。

1 快速存取工具列

2 功能區索引標籤

3 關聯式索引標籤

4 標題列：顯示檔名、格式版本

5 功能區群組

6 資料庫物件窗格

7 資料庫物件標籤

8 儲存格

9 資料庫物件視窗

10 狀態列

11 操作說明搜尋

12 對話方塊啟動器

13 視窗最小化鈕

14 視窗最大化 / 還原鈕

15 應用程式關閉鈕

16 Microsoft 帳戶

17 關閉 Access 物件

18 顯示數字鍵盤的按鍵狀態

19 切換檢視模式

20 快顯功能表

1-2-5 工作窗格與智慧標籤按鈕

工作窗格 是一個非常重要的視窗元件,在執行某些特定指令時會自動出現,以便執行進一步的編輯與設定。不同的應用程式中會有不同的內容及功能。例如:在 Word 中執行 **郵件 > 啟動合併列印 > 啟動合併列印 > 逐步合併列印精靈** 指令可開啟 **合併列印** 工作窗格;在 PowerPoint 中執行 **動畫 > 進階動畫 > 動畫窗格** 指令可開啟 **動畫窗格** 工作窗格;點選 **常用 > 剪貼簿** 的 **對話方塊啟動器** 鈕,可以開啟 **剪貼簿** 工作窗格。

Word 的合併
列印工作窗格

在 Excel 開啟
剪貼簿工作窗格

PowerPoint 的
動畫窗格工作窗格

智慧標籤 在 Office 中扮演著無可取代的角色,透過它提示的指令或說明,可以快速執行對應的工作,節省許多操作的時間。當我們在 Word、Excel 或 PowerPoint 中進行 **貼上** 動作時,貼上位置的右下角會出現 **貼上選項** 鈕;在 Excel 中選取儲存格範圍時,會出現 **快速分析** 鈕,這些按鈕我們都通稱為 **智慧標籤**。

Excel 的快速
分析智慧標籤

PowerPoint 的貼上選項智慧標籤

1-3 認識「檔案」功能

在 Office 應用程式的 **檔案** 功能表中,只需使用滑鼠點選,即能新增、開啟、儲存、列印、共用及匯出檔案、關閉、顯示文件資訊,並且可以進行與應用程式使用環境或帳戶有關的設定。

檔案索引標籤 ────

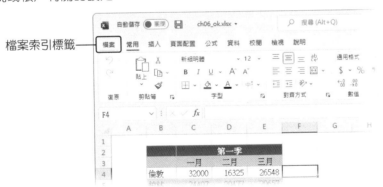

點選 **檔案** 索引標籤後會顯示 Microsoft Office 後台檢視,點選 **回到前一頁** 鈕或按 Esc 鍵即可回到先前的編輯狀態。

Word—回到前一頁

1-3-1 Office 應用程式的起始畫面

　　從前開啟要使用的 Office 應用程式時（Access 除外），畫面中即會自動開啟一份空白的新檔案，現在則會出現如下圖所示的「起始」畫面。畫面左側會顯示 **常用**、**新增**、**開啟** 三個常用選項標籤。預設值是 **常用** 標籤頁，你可以視需要選擇開啟 **空白文件**、**空白活頁簿**、**空白簡報**，或開啟套用指定範本的新檔案，也可以直接點選下方清單所顯示的曾經開啟過的舊檔案。

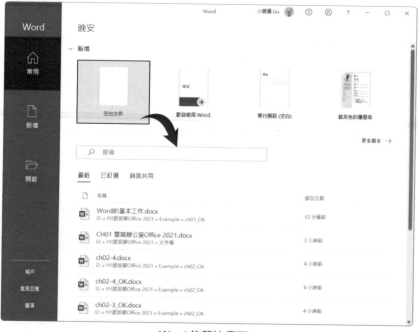

Word 的起始畫面

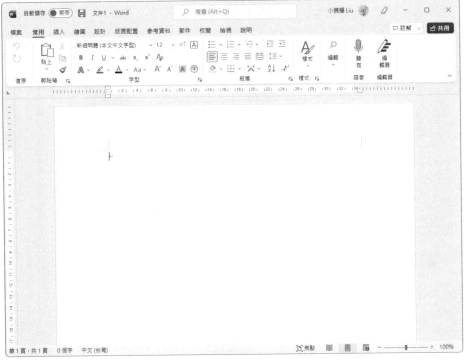

空白文件

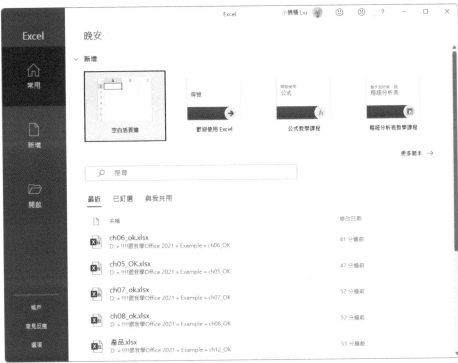

Excel 的起始畫面

PowerPoint 的起始畫面

Access 的起始畫面

1-3-2 新增與儲存檔案

這一小節將使用 PowerPoint 為例，說明如何套用指定的範本建立新檔案，以及儲存編修後的檔案。

以範本新增檔案

STEP**1** 啟動 PowerPoint，選擇 **新增** 標籤，從 **建議的搜尋** 中點選要使用的範本類別超連結，例如：**商務**。

STEP**2** 點選要套用的範本，會顯示該範本的簡介，按 **建立** 鈕。

回到首頁畫面　　　點選後，可以將此範本固定顯示在首頁的範本清單中

預覽之後，如果不要下載請按關閉鈕

城市設計

提供：Microsoft Corporation

如果您是網路紅人或行銷業務，每天都要建立令人驚艷的內容可能會是一項挑戰，PowerPoint 簡報範本可作為亮眼簡報的捷徑。此城市範本針對您製作的任何投影片類型，提供設計精美與格式完整的投影片，尤其適合旅遊和生活型業務。PowerPoint 的簡報範本讓內容創作變得更容易。此範本具有協助工具功能。

下載大小：4367 KB

按←、→鈕，可以瀏覽其他範本

1-18

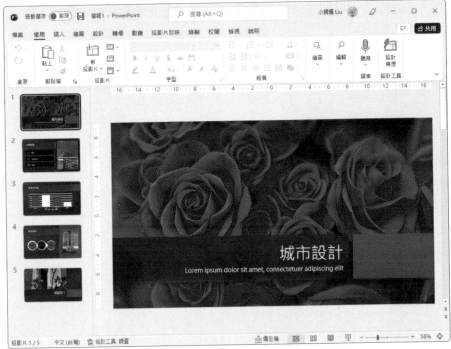

已套用所選擇範本的新簡報

儲存檔案

完成檔案的編輯之後，除了可以點選 **快速存取工具列** 上的 **儲存檔案** 🖫 鈕，也可以執行 **檔案 > 儲存檔案** 或 **檔案 > 另存新檔** 指令，將檔案儲存到指定的位置。

STEP1 點選 **檔案** 索引標籤，預設值會顯示 **常用** 頁面，執行 **儲存檔案** 或 **另存新檔** 指令。

點選後會回到目前的編輯狀態

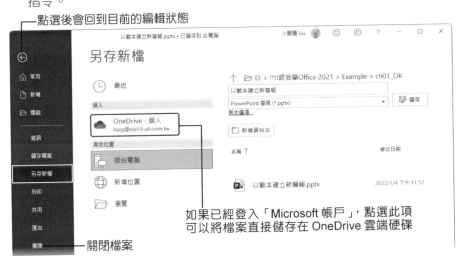

如果已經登入「Microsoft 帳戶」，點選此項
可以將檔案直接儲存在 OneDrive 雲端硬碟

關閉檔案

STEP2 點選上圖的 **這台電腦** 指令，右側會顯示 **最近使用的資料夾或檔案清單**；如果不是預期的位置，請點選 **其他選項** 超連結，或按 **瀏覽** 指令。

點選後可以瀏覽上一層 ——————— 顯示目前檔案會儲存在電腦中的位置

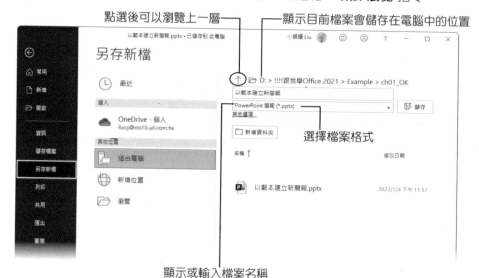

顯示或輸入檔案名稱

STEP3 出現 **另存新檔** 對話方塊，選擇要儲存檔案的位置，輸入 **檔案名稱**，按【儲存】鈕。

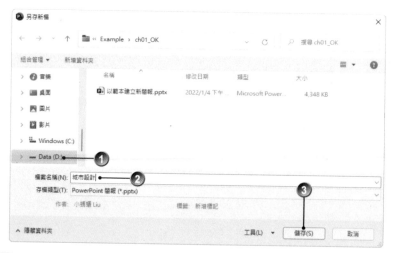

🔑 說明

可以儲存的檔案格式相當多元，可以展開 存檔類型 清單查看。PowerPoint 預設的檔案格式為 PowerPoint 簡報（*.pptx）、Excel 預設的檔案格式為 Excel 活頁簿（*.xlsx）、Word 預設的檔案格式為 Word 文件（*.docx）、Access 為（*.accdb）；其中「X」代表 XML，是一種經過壓縮的格式，因此可以減少檔案的容量，並使被破壞的檔案容易復原。

1-3-3 開啟舊檔案

剛啟動應用程式時,「起始」畫面的 **常用** 頁面中會顯示 **最近** 開啟過的檔案清單,點選要編輯的檔案即能快速開啟。如果要開啟其他檔案,則可以切換到 **開啟** 頁面,再從不同的管道開啟檔案。這小節以開啟 Excel 活頁簿檔案為例,說明如何操作。

STEP**1** 啟動 Excel,選擇 **開啟** 標籤,點選 **瀏覽** 指令。

依據時間顯示最近開啟過的檔案清單

STEP**2** 出現 **開啟舊檔** 對話方塊,選擇檔案存放的位置,點選要開啟的檔案,按【開啟】鈕。

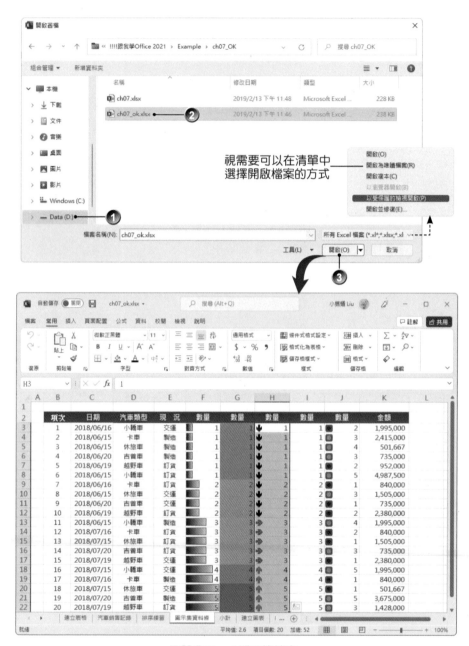

視需要可以在清單中
選擇開啟檔案的方式

已開啟 Excel 活頁簿檔案

説明

Word 和 PowerPoint 提供「繼續閱讀」的功能，當你開啟舊檔時，可以選擇從上
次編輯的位置接續編輯，即使是從不同的電腦開啟線上文件。

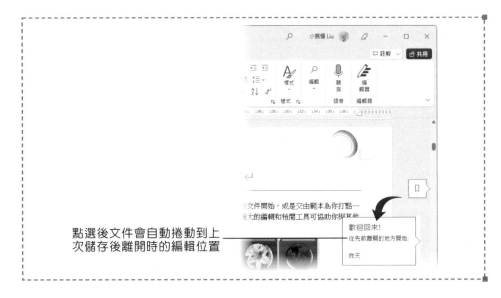

點選後文件會自動捲動到上
次儲存後離開時的編輯位置

1-3-4 新舊檔案格式的轉換

從 Office 2010 版本之後就能開啟在舊版本中所建立的 Office 檔案，然後於「相容模式」下工作，如此，不但可以保留舊版的檔案格式，也能和沒有使用新版本的人一起共用檔案，因為 XML 格式與 Office 2000-2007 是可相容的。當 **標題列** 上顯示「相容模式」的提示時，代表檔案不是新格式（*.docx、*.xlsx、*.pptx）。你可以透過 **轉換** 指令進行格式轉換，這樣才能使用新版 Office 的新功能。（本例以 Word 示範）

STEP **1** 啟動 Word 之後，開啟舊格式（*.doc）的文件檔案。

相容模式提示

STEP2 執行 **檔案 > 資訊 > 轉換** 指令，出現提示訊息，按【確定】。

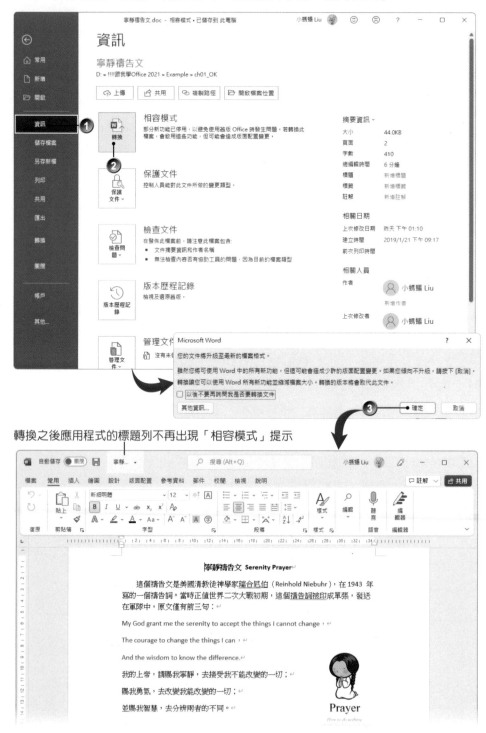

轉換之後應用程式的標題列不再出現「相容模式」提示

轉換成新格式之後，也不再顯示「資訊 > 轉換」指令

STEP3 格式轉換之後，若按 **快速存取工具列** 上的 **儲存檔案** 🖫 鈕，即會以新格式儲存檔案。

1-3-5 儲存成 PDF 格式

PDF（Portable Document Format）是一種固定版面配置的電子檔案格式，很適合使用在線上檢視或列印檔案，而且其他使用者無法輕易地複製或變更檔案中的內容，也是目前普遍用在商業印刷輸出的文件格式。（本例使用 PowerPoint 示範）。

STEP1 開啟要儲存的簡報檔案，執行 **檔案 > 匯出** 指令，選擇 **建立 PDF/XPS 文件**，按【建立 PDF/XPS】鈕。

STEP2 出現 **發佈成 PDF 或 XPS** 對話方塊，選擇檔案要儲存的位置、輸入 **檔案名稱**，按【選項】鈕。

STEP**3** 在 **選項** 對話方塊中，設定要匯出的檔案 **範圍** 及 **發佈選項**，完成後按
【確定】鈕；回到前一個對話方塊，按【發佈】鈕。

STEP4 發佈完成之後，Windows 11 預設會以 Microsoft Edge 瀏覽器開啟該 PDF
檔案供你檢視。

以 Microsoft Edge 瀏覽器檢視

1-3-6 文件資訊與保護

在 **檔案 > 資訊** 頁面中會顯示作用（編輯）中檔案的相關資訊，包括檔案的儲
存路徑、大小、建立與修改日期、作者…等。此外，有關檔案權限的設定、與他
人共用檔案之前的相容性檢查和版本管理，也都是在此處進行。（此範例以 Excel
示範）

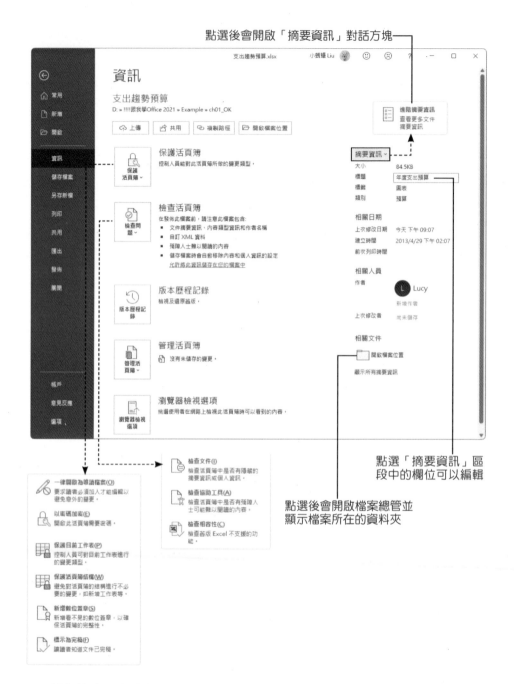

點選後會開啟「摘要資訊」對話方塊

點選「摘要資訊」區段中的欄位可以編輯

點選後會開啟檔案總管並顯示檔案所在的資料夾

　　針對檔案本身的保護，可以進行備份或設定自動儲存版本，以避免檔案萬一毀損時能不慌亂；此外，也可以設定密碼確保檔案內容的安全性，使其無法任意被讀取。

STEP1 開啟要保護的檔案，執行 **檔案 > 另存新檔 > 瀏覽** 指令。

STEP2 出現 **另存新檔** 對話方塊，按【工具】鈕展開清單，選擇 **一般選項** 指令。

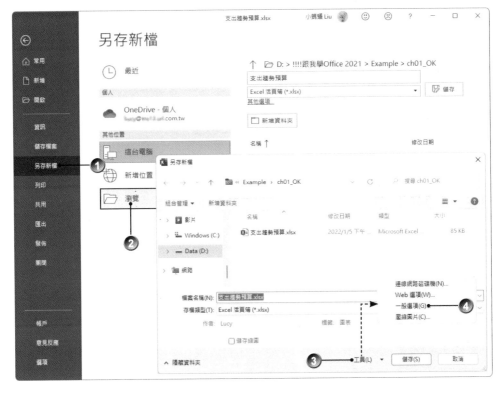

STEP3 出現 **一般選項** 對話方塊，勾選 ☑ **建立備份** 核取方塊，如果要保護檔案請輸入 **保護密碼**，並視需要輸入 **防寫密碼**，按【確定】鈕。

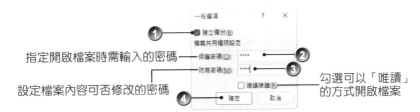

指定開啟檔案時需輸入的密碼

設定檔案內容可否修改的密碼

勾選可以「唯讀」的方式開啟檔案

STEP4 出現 **確認密碼** 對話方塊，請重新確認密碼再輸入一次，按【確定】鈕；再確認輸入一次 **防寫密碼**，按【確定】鈕。

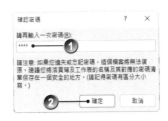

STEP**5** 回到 **另存新檔** 對話方塊，按【儲存】鈕。

　　針對檔案設定相關的保護條件之後，日後開啟這個檔案時，即會出現對應的訊息方塊（如下圖所示），要求你輸入密碼或選擇 **唯讀** 開啟。

🔑 **說明**

- 設定密碼時，能使用的字元最多為 15 個，它可以是文字、數字、符號與空格；如果是使用英文字母，則有區分大小寫。密碼設定後必須牢記，否則將無法開啟此檔案。

- 設定密碼保護的檔案仍可被刪除，若要避免誤刪檔案，必須儲存備份檔案。執行備份檔案時，會新增一個同檔名的備份檔，且會存在同一資料夾之下。

1-3-7 預覽與列印

　　完成檔案內容的建立後，如果想在列印前預覽，可以執行 **檔案 > 列印** 指令，在此頁面中預覽內容並進行列印前的相關設定。(以 Excel 示範)

確認印表機已連線，點選後可以直接列印

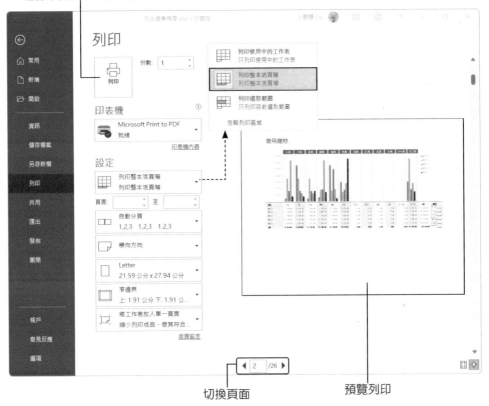

切換頁面　　　　　　　　　　　　預覽列印

1-4　OneDrive 雲端儲存空間—共同作業

　　Microsoft 365 最引人矚目的焦點在於「雲端服務」。透過微軟提供的 OneDrive「雲端服務」，在單一空間中即能囊括你生活和職涯的大小事，**Office 共用** 透過此項服務，更能顯出其效率。如果你的作業系統為 Windows 10 以上，已經直接將其內建在使用者的操作介面，點選 **OneDrive** 圖示就能快速存取裡面的資料。如果是 Windows 10 以前的作業系統則可以下載、安裝 OneDrive 應用程式，再經由 **檔案總管** 直接存取雲端 OneDrive 上的檔案，或是透過瀏覽器登入 OneDrive.live.com 管理雲端上的資源。

1-4-1 Microsoft 帳戶

Windows 8 之後的作業系統,「Microsoft 帳戶」扮演極為重要的角色,當然 Microsoft 365 也不例外。只要你擁有 Messenger、Hotmail、Xbox LIVE 或 Microsoft 服務…等微軟帳號,即代表擁有「Microsoft 帳戶」,使用該帳戶、密碼登入後即能享有雲端服務。

另外,如果你是使用 Windows 10 之後的作業系統,當你第一次點選某些應用程式時,就會被要求必須登入、驗證或切換到「Microsoft 帳戶」(如下圖所示),例如:**郵件、行事曆、連絡人、市集、OneDrive**…等。因此,如果你還沒擁有「Microsoft 帳戶」,請務必註冊申請,才能繼續使用這些應用程式,並享用微軟所打造的雲端服務。

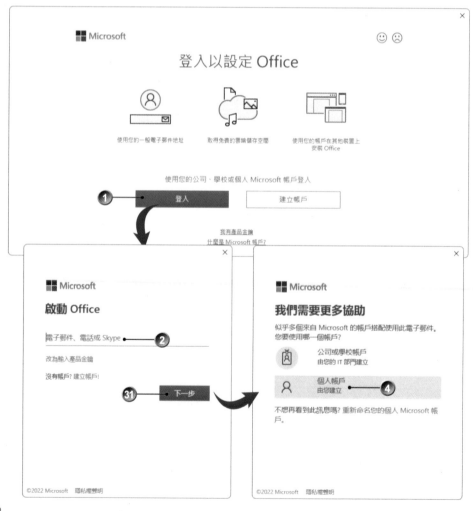

本例中我們以「Microsoft 帳戶」登入 Microsoft 365 之後，就可執行 **檔案 > 帳戶** 指令，顯示 **使用者資訊**，在此可以 **切換帳戶、登出** 或變更帳戶相片。**帳戶** 頁面的右側會顯示 **產品資訊**，以及關於 Microsoft 365 應用程式的支援、產品識別碼與著作權…等資訊。

這個帳戶已經和 OneDrive 雲端服務連線

在清單中選擇要變更的 Office 佈景主題

可以變更 14 種 Office 背景圖片

套用「水底」Office 背景

「Microsoft 帳戶」的切換與管理，可以直接點選視窗 標題列 右側的 帳戶名稱，展開清單後執行；或者按下 使用者資訊 區段中的 切換帳戶 超連結。

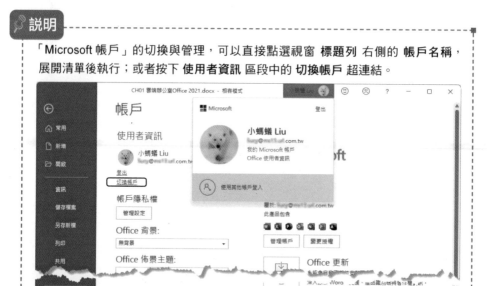

1-4-2 認識 OneDrive

近幾年由於「雲端服務」這個熱門的議題，使得各家網路或軟體公司紛紛推出各種免費空間，讓消費者先免費的享用這些服務，待習慣之後就會願意掏錢享受更多的雲端服務（空間）。微軟當然也不例外，不但直接將 OneDrive 應用程式內建在 Microsoft Windows 10、11 的使用者介面，就連 Microsoft 365 也與它形影不離。

OneDrive 是一個雲端整合的工具，「Microsoft 帳戶」就是 OneDrive 的登入帳號與密碼。透過手機和電腦都可存取儲存於 OneDrive 上的檔案、相片和影片。目前微軟提供每個 Microsoft 帳戶至少 15 GB 的免費儲存空間，對一般的使用者已綽綽有餘；如果是訂閱 Microsoft 365 的使用者，則會再增加至少 1 TB 的免費空間。如果覺得免費的空間不夠用，也可以自費「升級」，享用更多的空間與服務，欲了解更多相關資訊可上網搜尋。使用 OneDrive 有下列好處：

● 使用者可以直接從 Windows 存取 OneDrive 中的資料，包括：相片、文件和所有重要檔案，也可以快速將檔案上傳或自動儲存到 OneDrive。

● 輕鬆組織檔案和資料夾，就如同處理一般資料夾一樣；由於資料都集中儲存在 OneDrive，因此檔案內容在雲端與電腦中永遠保持同步。

● 可以從 OneDrive.live.com 連線到你已開啟的電腦中取得資料。

● 可以和好友共用你儲存在 OneDrive 中的任何指定檔案或資料夾，共用的對象可以使用任何瀏覽器或裝置存取 OneDrive 內的共用檔案。

● 在線上檢視 Microsoft 365 應用程式所建立的檔案，並與其他人在線上共同編輯文件。

從以上的介紹我們可以知道，**OneDrive** 能經由二種最常見的方式執行：一個是在電腦的 **檔案總管** 中執行 **OneDrive** 應用程式，另一個則是以瀏覽器連線上 **OneDrive.live.com** 在雲端直接進行相關作業。

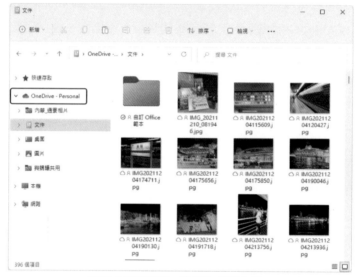

透過「檔案總管」進行作相關作業

透過「瀏覽器」在雲端進行相關作業

1-4-3 線上編輯 Office 檔案

OneDrive.live.com 還有一項其他雲端空間所無法相比的優勢，那就是與 Microsoft 365（Office 2019、2021）整合在一起，如果你的電腦沒有安裝 Office 軟體，也可以使用 Office Web Apps 線上編輯 Office 檔案。

STEP1 在 OneDrive.live.com 的 **檔案** 資料夾中，選擇要編輯的檔案，點選指令列上的 **開啟 > 在 Word 中開啟** 或 **在 Word Online 中開啟** 指令。

STEP2 隨即啟動 Word 或 Word Online 並顯示檔案內容，接著就可以開始進行編輯作業。

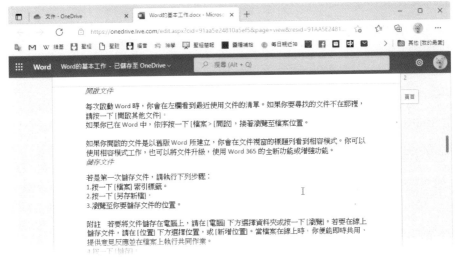

在 Word Online 顯示文件內容

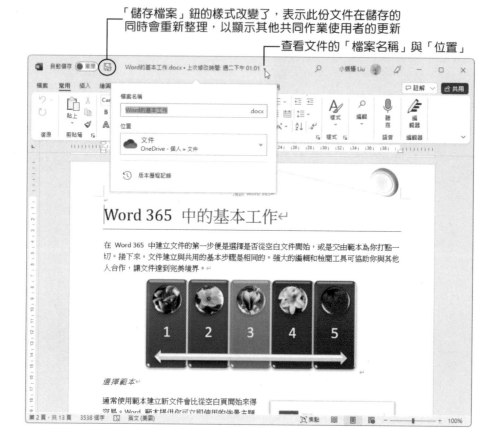

「儲存檔案」鈕的樣式改變了，表示此份文件在儲存的
同時會重新整理，以顯示其他共同作業使用者的更新

查看文件的「檔案名稱」與「位置」

1-4-4 共同作業

Microsoft 365（2019、2021）的共同作業與 OneDrive 密不可分，它可以將指定的 Office 檔案與其他人共同編輯，或是僅提供其他人檢視。（此範例以 Word 示範）

共同作業—文件擁有者的操作說明

STEP**1** 在 Word 中開啟要共用的檔案，點選視窗右上角的 共用 鈕。

STEP**2** 出現 共用 對話方塊，點選 OneDrive- 個人 即會開始連線，將文件上傳到 OneDrive。

STEP3 連線上傳完畢之後，請在 **傳送連結** 視窗中邀請參與編輯文件的人員（輸入他們的 eMail），並設定其權限，並視需要輸入相關訊息，按【傳送】鈕。

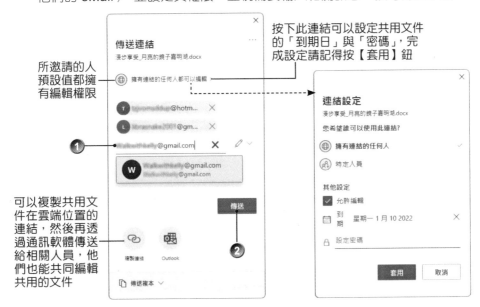

所邀請的人預設值都擁有編輯權限

按下此連結可以設定共用文件的「到期日」與「密碼」，完成設定請記得按【套用】鈕

可以複製共用文件在雲端位置的連結，然後再透過通訊軟體傳送給相關人員，他們也能共同編輯共用的文件

複製共用文件在
雲端位置的連結

STEP4 共用文件在雲端的位置傳送給指定人員之
後，會出現如右圖所示畫面；此時，你的應
用程式視窗的 **自動儲存** 檔案的功能會啟動，
且 **儲存檔案** 🔒 鈕的樣式也會改變。

已傳送「漫步享受_月亮的鏡子
嘉明湖.docx」的連結

儲存檔案鈕的樣式改變了

STEP5 當被邀請參與共同作業的使用者開啟「共用」的文件時，視窗右上角會顯
示一個「人像」，按一下就會顯示誰正在和你一起編輯文件。

STEP**6** 如果有 2 人以上共同編輯此文件，當內容產生異動時，Word 會自動儲存文件，而雙方可立即檢視編修後的狀態。

共同編輯者異動的內容

小螞蟻 Liu（文件擁有者）異動後的內容

STEP**7** 點選應用程式視窗 **標題列** 的檔案名稱,可以開啟 **版本歷程記錄** 窗格檢視
共同作業的編輯歷程,視需要也可開啟某次編輯的版本查閱。

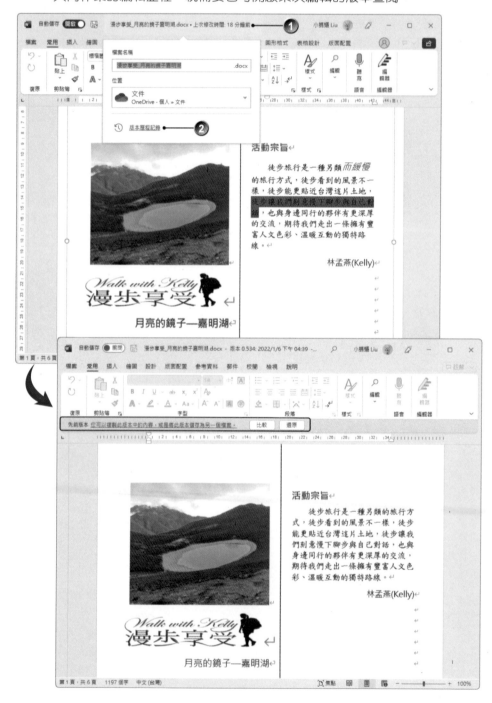

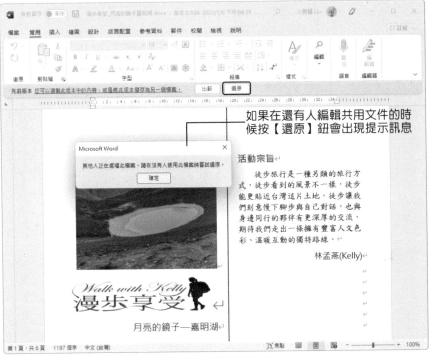

如果在還有人編輯共用文件的時候按【還原】鈕會出現提示訊息

已開啟某次編輯的版本

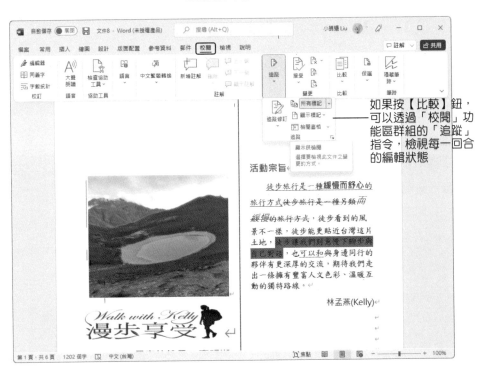

如果按【比較】鈕，可以透過「校閱」功能區群組的「追蹤」指令，檢視每一回合的編輯狀態

共同作業—文件共用者的操作說明

這個共同編輯的示範是在智慧型手機中進行。

STEP1 收到文件擁有者邀請共用文件的 eMail 之後，開啟信件點選其中的共用檔案連結；或參考下圖所明操作。

STEP2 顯示共同作業文件的首頁，按下方的【開啟】鈕。

STEP3 點選文件標題右側的「筆」圖示表示要進行編輯工作。

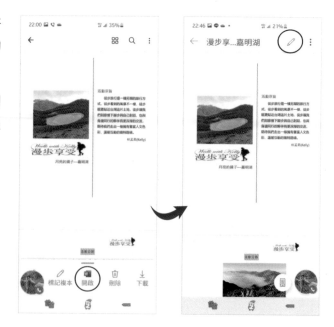

STEP**4** 在文件中加上醒目提示的註解;若如果同時還有其他的共同編輯者,對方編輯後儲存你也會同步顯示結果。

加上醒目提示的註解

其他共同作業人員已編修的內容

STEP**5** 點選如圖所示的「更多」鈕,可以 **儲存檔案**(或 **另存新檔**),也可以點選 **歷程記錄** 指令,檢視共同作業的編輯歷程。

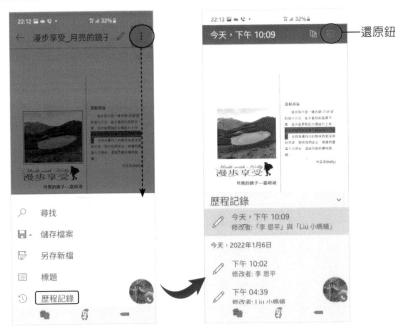

還原鈕

在上述步驟 5 中，如果點選某次編輯狀態，按畫面上的「還原」鈕，會依據是否有其他人仍然在編輯文件，呈現不一樣的提示訊息。

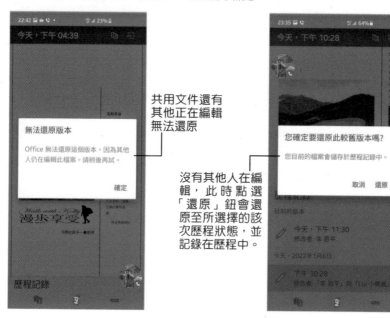

共用文件還有其他正在編輯無法還原

沒有其他人在編輯，此時點選「還原」鈕會還原至所選擇的該次歷程狀態，並記錄在歷程中。

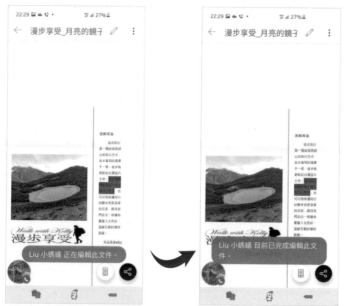

共用文件當有人正在編輯或完成編輯，也會顯示對應的訊息。

建立 Word 文件

Word 是 Office 應用程式家族中，使用率最高的軟體之一，因為文書處理作業與我們日常生活中的各項活動關係密切，本章就以實例為導向，從 Word 的一般操作開始介紹，包括基本的編輯與文件的格式化。

2-1　輸入文字與符號

Word 文件中的文字，可以透過鍵盤輸入，或是插入由其他文書軟體（例如：WordPad、記事本…等）所建立的文字內容。中文書信編輯中「全形符號」一向是不可或缺的元素，在 Word 也可以經由多種管道來插入各式符號。

2-1-1 插入點位置

剛開啟一份新文件時，文件左上角處會有一個呈垂直短線、且不斷閃爍的游標，我們稱之為「插入點」；此時，所輸入的內容（包括：文字、插入圖表…等）會顯示在「插入點」的位置。如果要在文件區的其他空白處輸入文字，只須將滑鼠游標移到該處，並快按滑鼠二下，插入點便會移至該處，讓你輸入所要的內容，這也就是「即點即書」的功能。使用 **即點即書** 功能時，滑鼠游標會隨著點選的位置而出現不同的圖示，並有各自不同的作用。

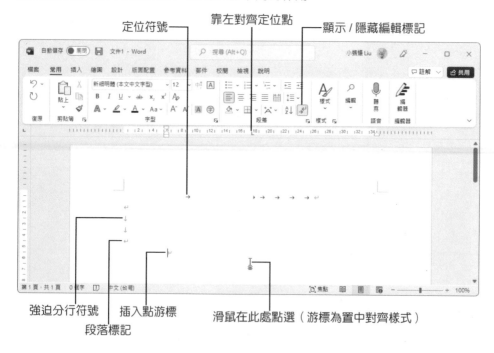

在輸入文字內容時，插入點會逐漸向右移動，同時 Word 會自動調整文字間距，並在文字到達右邊界時自動換行。若有文字輸入錯誤，可以按 Bksp 往前刪除；若按 Del 鍵則會刪除插入點之後的字元。你每按一次 Enter 鍵，就會插入一個 段落標記，代表產生一個新的段落，所以除非要另起新段落，否則不要任意按 Enter 鍵來換行；如果按 Shift + Enter 鍵則是強迫分行。

說明

若要關閉「即點即書」的功能，可以執行 **Word 檔案 > 選項** 指令，在 **Word 選項** 對話方塊的 **進階 > 編輯選項** 中取消勾選 □ **啟用即點即書** 核取方塊。

2-1-2 輸入文字、標點符號與特殊字元

要產生英文或數字可以在「英數」狀態下直接從鍵盤輸入，要輸入中文字則需切換到自己熟悉的中文輸入法。在 Windows 作業系統下，按 Shift 鍵可以切換中、英輸入模式，再以 Ctrl + Shift （或 ⊞ + ） 鍵來切換中文輸入法（例如：**注音** 或 **倉頡**）；也可以從 **語言列** 中點選切換。如果使用平板裝置，也可利用「手寫筆」輸入內容。

目前為英文輸入模式，按 Shift 鍵可切換至中文輸入模式

確定目前是在中文輸入模式才能輸入中文

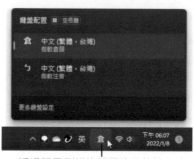

按右鍵可以透過指令選擇切換

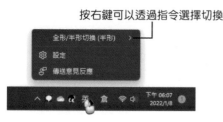

透過語言列切換至要使用的輸入法

　　除了常用的符號外，為了美化文件或增加文件的可讀性，我們也會插入一些美觀的符號、日期與時間或數字…等內容。

特殊符號

STEP1　點選 插入 > 符號 > 插入符號 指令，從展開的清單可以插入常用的符號；如果點選 其他符號 指令，則可以開啟 符號 對話方塊，輸入更多不同的符號。

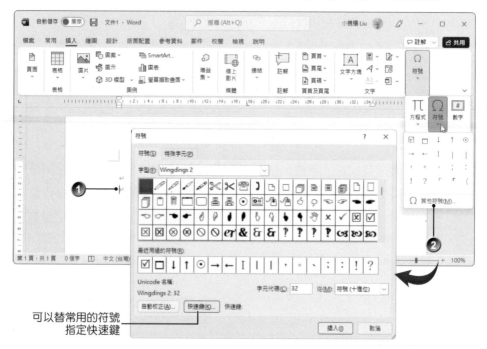

可以替常用的符號指定快速鍵

STEP**2** 快按二下要使用的符號字元，即能將其插入到文件中。

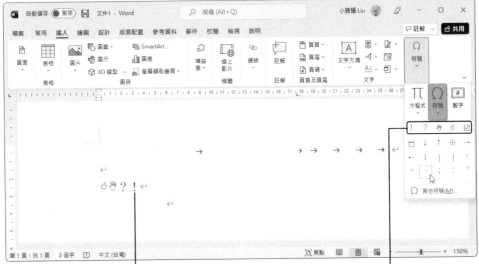

指定的符號已插入至文件中指定的位置　　　　　　　　　　　　最近使用過的符號

> **説明**
>
> 符號 對話方塊可以一直開啟著，隨時可以切換回文件中繼續編輯；拖曳「標題列」可以移動對話方塊的位置。

日期及時間

點選 **插入 > 文字 > 日期及時間** 指令，開啟 **日期及時間** 對話方塊，選擇輸入各種不同的日期與時間格式。

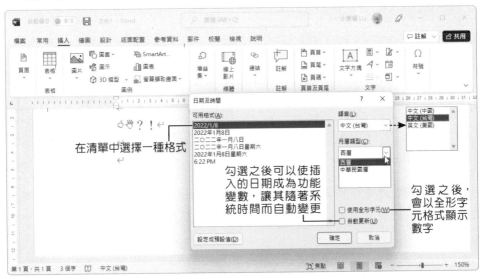

在清單中選擇一種格式

勾選之後可以使插入的日期成為功能變數，讓其隨著系統時間而自動變更

勾選之後，會以全形字元格式顯示數字

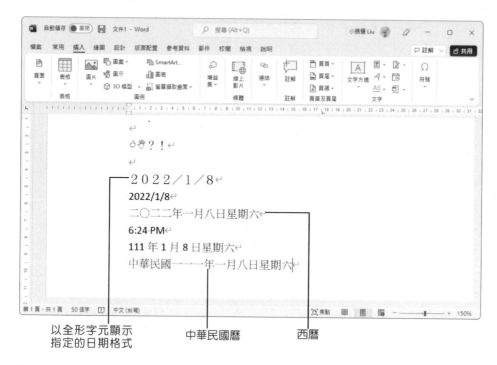

以全形字元顯示　　　　中華民國曆　　　西曆
指定的日期格式

數字

　　插入數字 指令可以幫助你快速變換不同的 **數字類型**，例如：阿拉伯數字的「2022」可轉換為國字的「二千零二十二」，也可以輸入羅馬數字。

STEP**1**　選取要轉換的數字，點選 **插入 > 符號 > 插入數字** 指令。

STEP**2**　出現 **數字** 對話方塊，選取的數字會顯示在 **數字** 文字方塊中（也可以在其中直接輸入要插入的數字）。

STEP**3**　從 **數字類型** 清單中選擇不同的項目，會顯示不同的結果。

選擇「壹 , 貳 , 參 ...」的結果

壹萬陸仟捌佰伍拾玖
一萬六千八百五十九

羅馬數字——MMMMMMMMMMMMMMMMDCCCLIX

(八)

2-1-3 輸入數學方程式

在 Word 中可以從內建的 **方程式庫** 中點選一種方程式,再視需要透過 **方程式工具 > 設計** 功能區群組中的指令進行修改,輕鬆建立各種數學方程式。

以方程式庫輸入方程式

STEP**1** 點選 **插入 > 符號 > 方程式** 指令,展開 **方程式庫** 選擇一種內建的方程式。

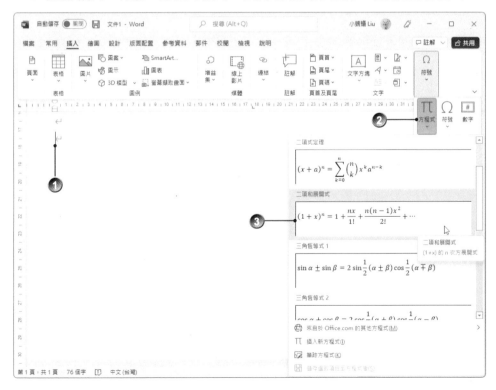

STEP2 方程式會出現在水平中央位置，**方程式** 索引標籤會自動出現，你可以根據實際需求反白選取方程式中的內容進行變更；或從 **結構** 功能群組中選擇相關的模組類別進行修改。

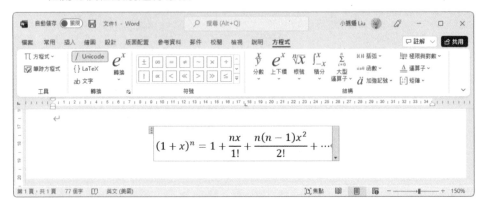

使用手寫筆跡輸入方程式

如果你是 Microsoft 365 且是仍在訂閱期間內的使用者，可以「手寫筆跡」方式輸入指定的數學方程式。

STEP1 點選 **插入 > 符號 > 插入方程式 > 筆跡方程式** 指令。

STEP2 出現 **數學輸入控制項** 對話方塊，於「在此書寫數學公式」區域中以寫出指定的方程式；書寫過程會直接進行字元辨識，並視需要修訂，完成後按【插入】鈕。

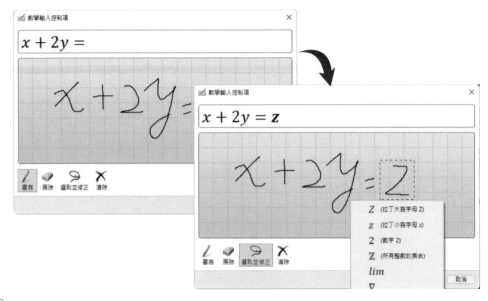

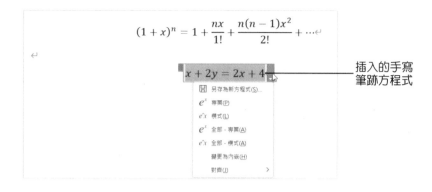

$$(1 + x)^n = 1 + \frac{nx}{1!} + \frac{n(n-1)x^2}{2!} + \cdots$$

$$x + 2y = 2x + 4$$

插入的手寫
筆跡方程式

2-2 常用的格式化功能

當文件的內容建立完成後，接著會進行文件的美化作業，也就是「格式化」，這個步驟可以包含 **字元** 及 **段落**。字元的格式化（字元大小、字型、色彩、字距及各種效果）在設定前要先「選取範圍」；段落的格式化（對齊、縮排、行距、間距、項目符號及編號、框線及網底…）則以「段落」為單位進行設定。

2-2-1 字元的基本格式化

常用的字元格式可以從 **常用 > 字型** 群組來進行，或是以 **迷你工具列** 快速設定；如果是進入 **字型** 對話方塊，則可以做更進一步的格式設定。

STEP**1** 選取要格式化的字元範圍，將游標向上滑動的同時會浮現 **迷你工具列**。

STEP**2** 點選工具列上的 **字型色彩** 鈕展開清單，設定色彩並立即預覽結果。

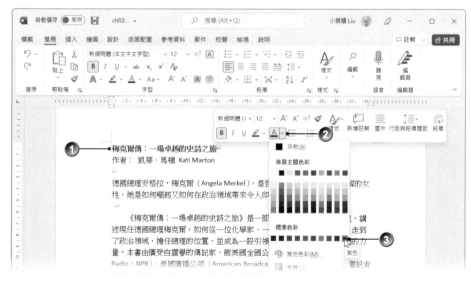

STEP3 以 **常用 > 字型** 群組區中的指令，設定 **字型**、**粗體**…等效果，可再點選 **字型** 功能區群組的 **對話方塊啟動器** 鈕。

STEP4 出現 **字型** 對話方塊並切換到 **進階** 標籤，**間距** 選擇 **加寬**；**點數設定** 為「3點」，按【確定】鈕。

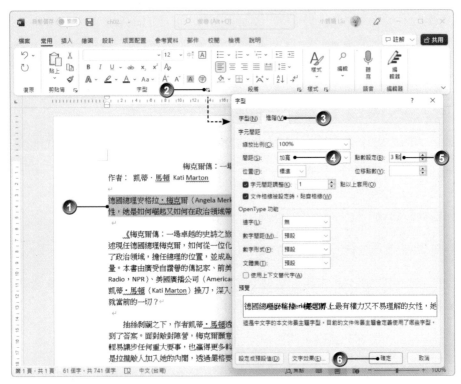

STEP5 重複上述步驟，將要格式化的字元範圍進行設定。

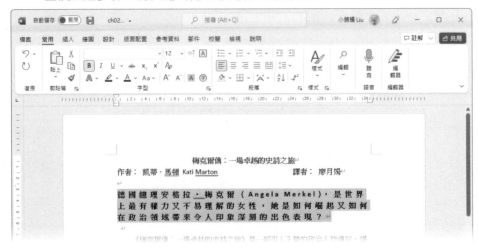

2-2-2 段落的基本格式化

輸入內容時，每按一次 Enter 鍵就會產生段落，並以 **段落標記** 作為識別。段落格式的設定可透過 **常用 > 段落** 群組、**迷你工具列** 內的指令或進入 **段落** 對話方塊來進行。

STEP1 將插入點置於段落任意處，點選 **常用 > 段落 > 左右對齊** 指令。

STEP2 選取要縮排的段落內容，或將插入點移至要縮排的段落任意處，拖曳尺規上的 **左邊縮排符號** 到約「4」字元的位置。

STEP3 再點選 **常用 > 段落** 群組的 **對話方塊啟動器** ▣ 鈕;出現 **段落** 對話方塊,於 **縮排** 的 **左** 屬性,指定縮排精確值「4」字元;於 **段落間距** 中設定 **與前段距離** 為「1 行」、**與後段距離** 為「0.5 行」,按【確定】鈕。

設定段落格式後的結果

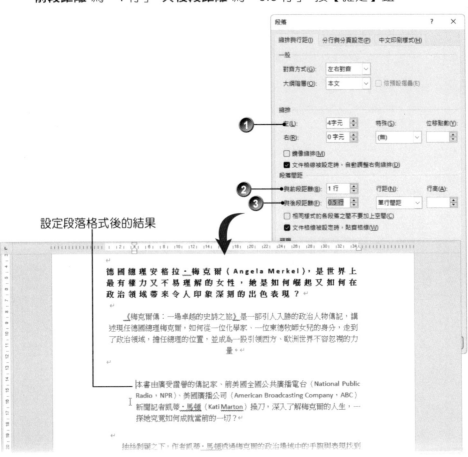

● 拖曳 **左邊縮排符號** 時,先按住 Alt 鍵再拖曳,尺規上會顯示尺寸並可作細微的調整。

● 插入點放在段落一開始處,按 Tab 鍵,預設會自動首行縮排 2 字元。

2-2-3 建立項目符號與編號

　　針對文件內容中的條列式文字段落，可以使用 Word **項目符號** 與 **編號** 功能來增加文件的閱讀性。

項目符號

STEP**1**　將插入點游標放在要建立項目符號的段落，也可同時選取數個要設定段落。

STEP**2**　點選 **常用 > 段落 > 項目符號** 指令，展開清單選擇一種項目符號，可即時預覽設定效果。

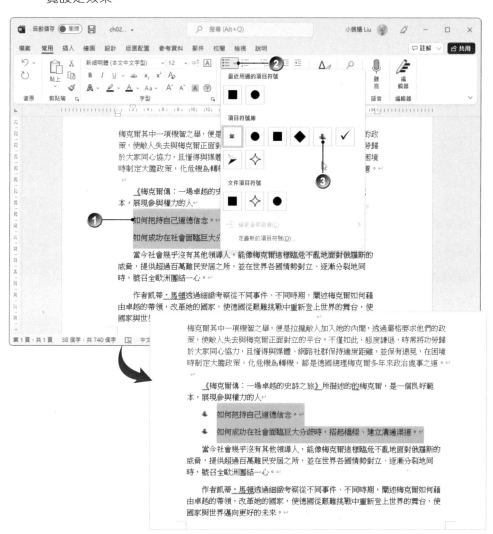

如果點選清單中的 **定義新的項目符號** 指令，可以在對話方塊中選擇自訂或線上圖片做為項目符號。若要移除 **項目符號庫** 中的自訂符號，請在新增的符號上按一下滑鼠右鍵，執行 **移除** 指令。

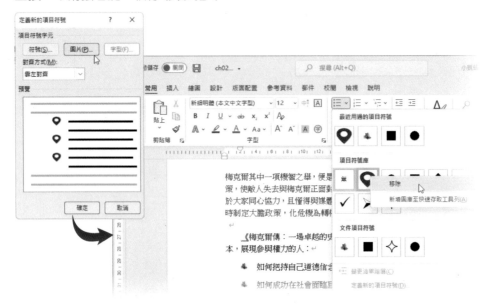

編號

STEP 1 請先將插入點游標放在要建立編號的段落中，也可以同時選取數個要設定段落。

STEP 2 點選 **常用 > 段落 > 編號** 指令，展開清單選擇一種編號樣式，可即時預覽設定效果。

- 如何把持自己道德信念。
- 如何成功在社會面臨巨大分歧時，搭起橋樑、建立溝通渠道。

1. 如何把持自己道德信念。
2. 如何成功在社會面臨巨大分歧時，搭起橋樑、建立溝通渠道。

當今社會幾乎沒有其他領導人，能像梅克爾這樣臨危不亂地面對俄羅斯的威脅，提供超過百萬難民安居之所，並在世界各國情勢對立、逐漸分裂地同時，號召全歐洲團結一心。

作者凱蒂・馬頓透過細緻考察從不同事件、不同時期，闡述梅克爾如何藉由卓越的帶領，改革她的國家，使德國從艱難挑戰中重新登上世界的舞台，使國家與世界邁向更好的未來。

說明

在已設定項目符號或編號的段落最後按 ⬅ Enter 鍵，新段落會延用該項目符號或編號及所有段落格式。一旦你移動、刪除了某個已編號段落，或插入新段落時，Word 也會自動重新編號。

2-2-4 亞洲方式配置

亞洲方式配置 指令是專為亞洲語系國家所設計的功能，在中文書信中最常碰到的 **直書、組排文字** 和 **並列文字、注音標示** 或 **字元加外框**…等，只要簡單的幾個動作就可以輕鬆完成設定。

STEP**1** 開啟要轉成「直書」的文件，點選 **版面配置 > 版面設定 > 文字方向 > 垂直** 指令，即能將內容全文轉成直式書寫。

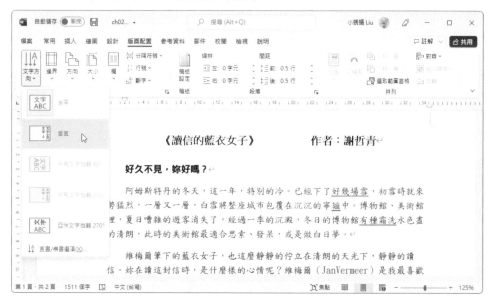

STEP2 選取「好久不見」字串，點選 **常用 > 段落 > 亞洲方式配置** 指令，展開清單選擇 **組排文字** 指令。

STEP3 出現 **組排文字** 對話方塊，指定 **字型** 及 **大小**，按【確定】鈕。

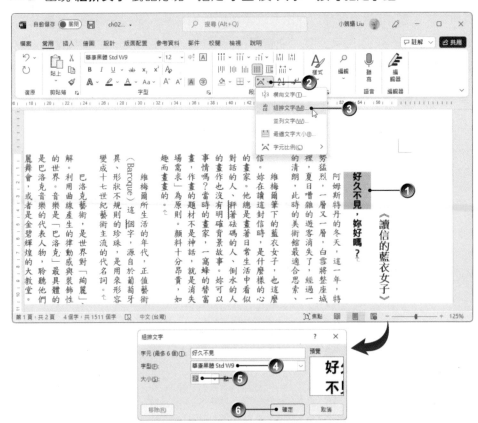

STEP**4** 選取「特」字，點選 **常用 > 字型 > 圍繞字元** 指令。

STEP**5** 出現 **圍繞字元** 對話方塊，**樣式** 選擇 **放大符號**；**文字** 清單中會顯示你所選
取的文字，也可以選擇現有的文字；選擇 **圍繞符號**，按【確定】鈕。

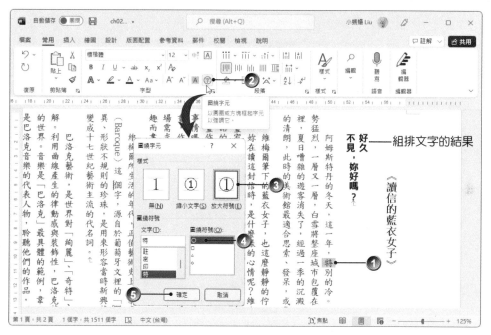

STEP**6** 參考上述驟，可以設定 **並列文字**、**橫向文字**、**注音標示**…等亞洲特有的文
字呈現方式。

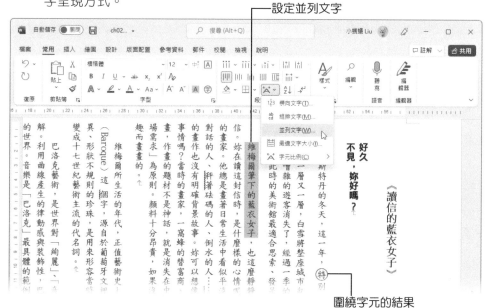

設定並列文字

圍繞字元的結果

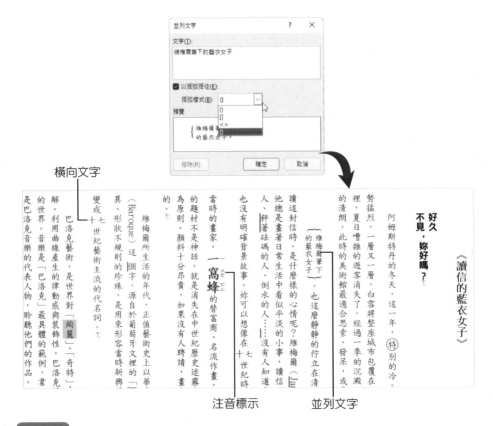

橫向文字

注音標示　並列文字

📌 **説明**

以 **亞洲方式配置** 指令所產生的格式，若要移除設定，請先選取該文字後，再執行一次相同指令，於對話方塊中按【移除】鈕。

2-3 複製格式與使用樣式

想要更有效率的將文件內容格式化，只要透過 **快速樣式** 功能，即可以專心且輕鬆的準備文件內容。

2-3-1 複製格式

如果要將相同的字元或段落格式套用到其他字元或段落，有多種方式可以執行，例如：某一字串格式設定好之後，緊接著，只要選取想套用相同格式的字串，按 Ctrl + Y 鍵，即能套用前一字串的字元格式。

STEP**1** 選取要複製格式的來源文字內容，按一下 **迷你工具列** 中的 **複製格式** 🖌 鈕，
或執行 **常用 > 剪貼簿 > 複製格式** 指令（在指令上快按二下可以連續使用）。

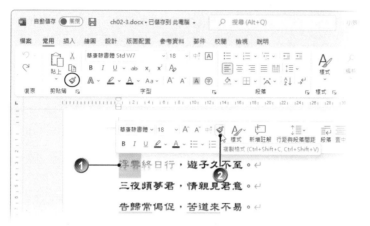

STEP**2** 拖曳選取要設定相同格式的字元範圍。

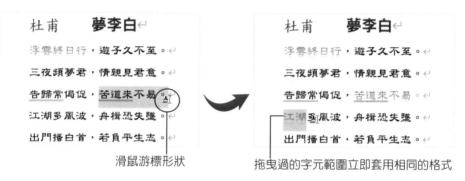

滑鼠游標形狀

拖曳過的字元範圍立即套用相同的格式

STEP**3** 如果是「連續」使用，按 Esc 鍵即可解除「複製格式」操作，恢復成原來
的游標樣式。

> **說明**
>
> 如果要複製段落格式，例如：**段落間距、縮排** 或 **項目符號**…等，只要複製 **段落標記** (↵) 即可，因為 **段落標記** 會儲存該段落的所有段落格式設定。

　　想要清除字元或段落格式，可以使用 **常用 > 字型 > 清除所有格式設定** 指令，
將其還原為預設的格式（內文）。

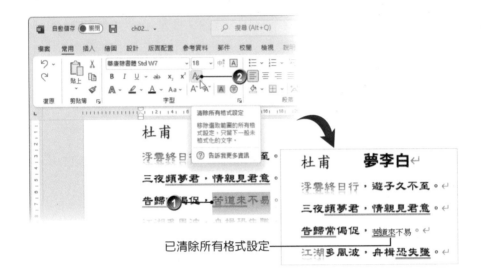

已清除所有格式設定

2-3-2 套用快速樣式

　　所謂的「樣式」，就是「一組已命名的字元和段落格式組合」，選取範圍並套用後，字元或段落將會有相同的格式設定。**快速樣式庫** 中預設了多種內建樣式供你快速套用，只要插入點置於要設定的段落任意處，點選 **常用 > 樣式 > 樣式** 指令，在 **快速樣式庫** 清單中選取一種段落樣式即可。

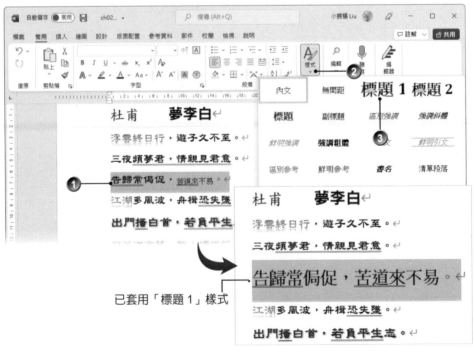

已套用「標題 1」樣式

2-3-3 自訂快速樣式

　　除了套用內建的快速樣式外，你也可以視需要自訂樣式，然後將其儲存在作用中的文件或範本中，以供日後使用。

STEP**1**　選取已設定好格式的段落，點選 **常用 > 樣式 > 樣式 > 建立樣式** 指令。

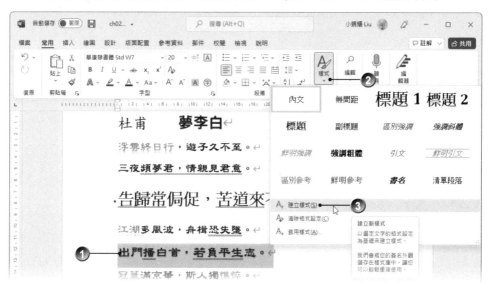

STEP**2**　出現 **從格式建立新樣式** 對話方塊，輸入新樣式的 **名稱**，按【修改】鈕；展開對話方塊，預設的 **樣式類型** 為 **連結的 (段落與字元)**，視需要變更類型，按【確定】鈕。

STEP3 先選取要設定相同樣式的段落，再從 **快速樣式庫** 清單中，點選自訂的快速樣式。

套用自訂樣式的結果

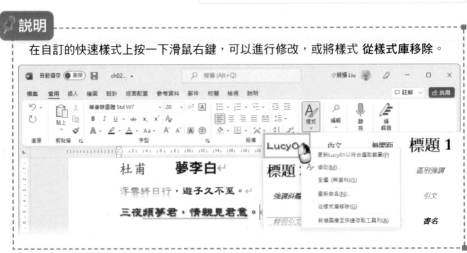

說明

在自訂的快速樣式上按一下滑鼠右鍵，可以進行修改，或將樣式 從樣式庫移除。

2-4 版面配置與設定

建立新文件時，預設是套用應用程式所定義的版面配置，包括 **紙張大小** 和 **方向**…等，Word 也會依版面設定來調整文件內容。你可以視需求改變版面設定，快速替文件加上 **封面頁**、**頁首**、**頁尾** 和 **浮水印**。

2-4-1 認識導覽工作窗格

Word 提供方便閱讀長文件的 **導覽** 工作窗格，可以快速找到要閱讀的內容。

STEP**1** 點選 **檢視** 標籤，在 **顯示** 功能區群組中勾選 ☑ **功能窗格** 核取方塊，在視窗的左側立即出現 **導覽** 工作窗格，並位在 **標題** 標籤。

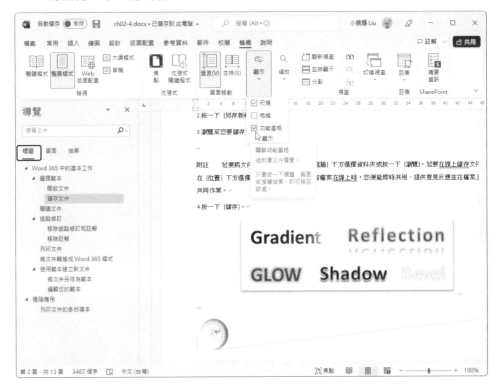

STEP**2** **導覽** 窗格中會顯示文件內的階層式標題架構，點選「標題」可跳至文件中該標題的位置。

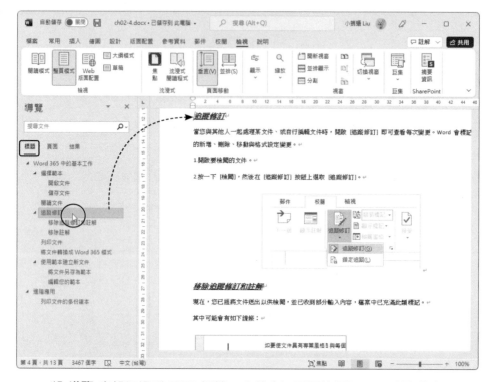

STEP3 將 **導覽** 窗格切換到 **頁面** 標籤，文件會以頁面縮圖顯示，點選「縮圖」即可跳至該頁面。

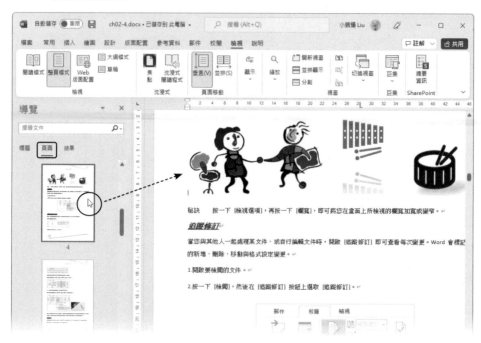

STEP4　選擇 **結果** 標籤，並輸入你要搜尋的關鍵字，下方立即出現包含搜尋文字的段落內容，文件中還會以醒目色彩提示文件中所搜尋到的字元。

顯示該頁面第幾個相符的數目
　　　顯示相符的總數目
　　　　　　按此鈕結束搜尋
　　　　　　點選可跳至下一個搜尋結果

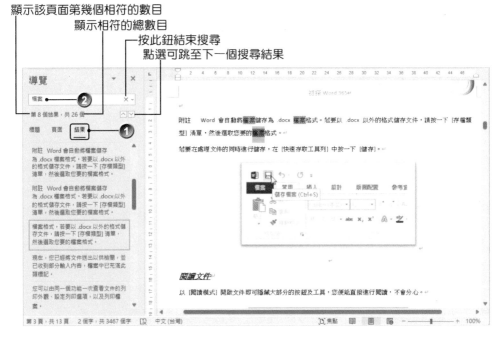

STEP5　關閉 **導覽** 工作窗格。

2-4-2 以閱讀模式檢視文件

　　你可以採用 **閱讀模式** 來檢視文件，此外，若開啟受保護的文件或郵件內的附件時，預設也會以 **閱讀模式** 開啟。文件內容會以目前的視窗大小來顯示可閱讀的範圍，並自動調整文字的顯示比例以符合不同螢幕的解析度，大部分的螢幕元件會暫時隱藏。「左右撥動」的翻頁瀏覽方式，很適合平板裝置使用；或是點選頁面二側的箭頭、按鍵盤上的 PgUp 、 PgDn 或 　　　　　　　　　 與 Bksp 鍵，可以往返不同的頁面。

STEP1　點選 **檢視 > 檢視 > 閱讀模式** 指令，或從 **狀態列** 上切換到 **閱讀模式**。

STEP2 在表格、圖表和圖像上快按二下，可放大檢視該物件；若為平板裝置，以手指頭輕按二下即可放大，再按二下則還原。

放大檢視圖片

STEP**3** 點選 **檢視** 標籤展開清單，選擇 **編輯文件** 可切換回 **整頁模式**，以便進行編輯作業。

2-4-3 變更版面配置

在 **版面配置 > 版面設定** 功能群組中，可以設定及變更文件的 **文字方向、邊界、紙張方向、紙張大小**…等設定。

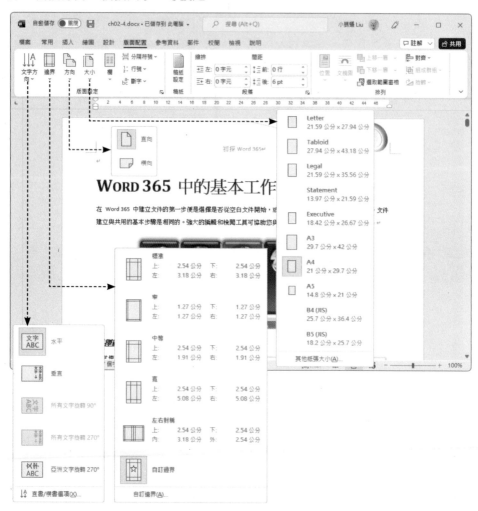

2-4-4 插入封面頁

使用 **插入封面頁** 功能可以快速地在文件中產生專業美觀的 **封面頁**。**封面頁**會隨著 **佈景主題** 及 **色彩** 的變換而改變色系，而且會自動置於整份文件的首頁。

STEP**1** 開啟要加上封面頁的文件，執行 **插入 > 頁面 > 面頁** 指令，從展開的 **封面庫** 中選擇一種封面類型。

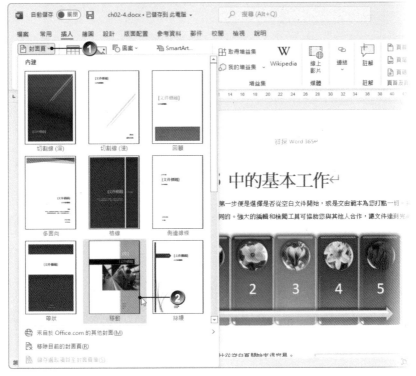

STEP2 立即在文件的首頁插入一張包含圖、文的頁面，一一點選封面頁中的 **控制項** 元件，進行內容的編修，即可完成封面頁的製作。

2-4-5 套用佈景主題

文件的 **佈景主題** 是一組格式設定的組合，包含 **主題色彩**、**主題字型** 和 **主題效果**，當文件套用 **佈景主題** 時，會立即影響在文件中所使用的樣式。**佈景主題** 可以在 Office 應用程式間共用，以確保所有 Office 文件都有一致性的外觀。點選 **設計 > 文件格式設定 > 佈景主題** 指令，從展開的內建清單中選擇後，可以立即預覽套用後的效果。

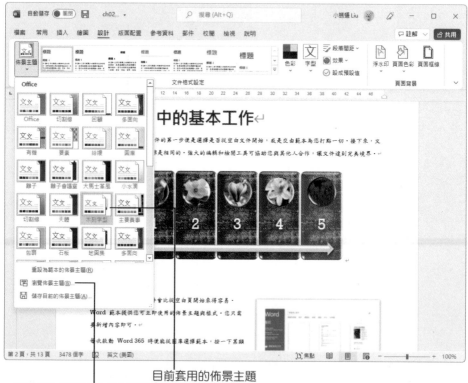

目前套用的佈景主題

瀏覽存在資料夾中的佈景主題

2-4-6 插入頁碼

透過 **插入 > 頁首及頁尾** 功能區群組指令，可以快速的在 **頁首** 或 **頁尾** 區域插入符合封面樣式和版面配置的內容；如果僅要插入 **頁碼**，可以在 **頁面頂端**、**底端**、**邊界** 或目前位置插入各種格式的頁碼。

STEP**1** 開啟文件之後，點選 **插入 > 頁首及頁尾 > 頁碼 > 頁面底端** 指令，從展開的 **頁碼庫** 中選擇一種頁碼類型。

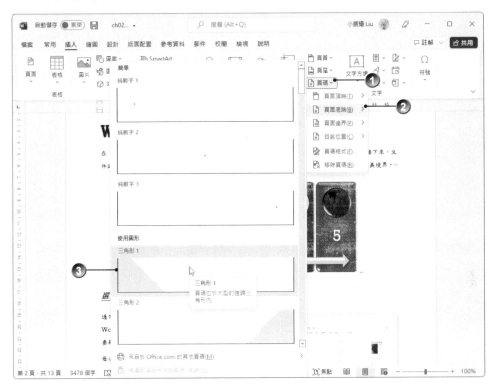

STEP**2** 會自動進入 **頁尾區**，可再以 **頁首及頁尾工具** 索引標籤中的各項指令，加入其他文字及圖案等內容。按 **關閉頁首及頁尾** 指令，就能回到文件內文編輯區中。

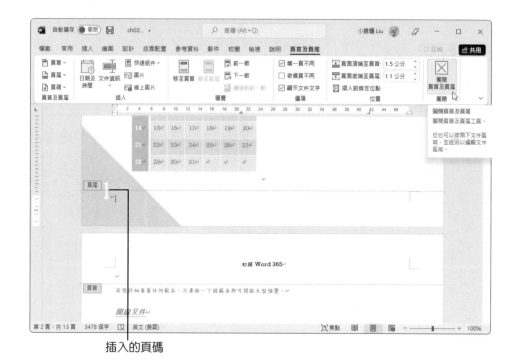

插入的頁碼

2-4-7 插入浮水印

我們經常在公文或報告之類的參考文件上，看到刷淡格式的「樣本」、「僅供參考」、「機密」…等文字或 Logo 圖案，重複出現在文件每一頁中，這種效果我們稱為 **浮水印**。

STEP**1** 執行 **設計 > 頁面背景 > 浮水印** 指令。

STEP**2** 從展開的 **浮水印庫** 中選擇一種浮水印，此時，除了封面頁外，每一頁都會有相同的浮水印。

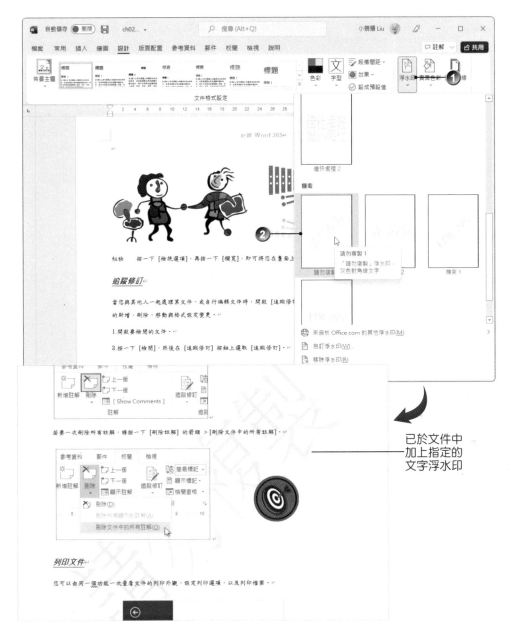

已於文件中
加上指定的
文字浮水印

如果在步驟 2 選擇 **自訂浮水印** 指令，會出現 **列印浮水印** 對話方塊，可指定圖片或自訂文字內容；在此自訂的浮水印會出現在文件中的每一頁。

也可以加上圖片浮水印

輸入自訂的浮水印文字

已於文件中加上指定的圖片浮水印

Word表格與圖形物件

表格在 Word 文件中一向扮演重要的角色，因為它是讓文件內容井然有序的一個好用工具；它可以把資料數據整理成為表格化的各種表單，利用欄位使文字並排，而使用上遠較 **定位點** 簡單。

3-1　建立表格

表格 是由「儲存格」所組成，橫向的儲存格組合成「列」，縱向則為「欄」；儲存格中可以輸入文字、插入圖片，甚至再產生表格。儲存格中的文字段落會自動換行，並且會自動調整列高以配合所輸入的內容。

3-1-1 使用快速表格指令

STEP**1**　先將插入點游標放在要插入表格的位置，再執行 **插入 > 表格 > 表格 > 快速表格** 指令。

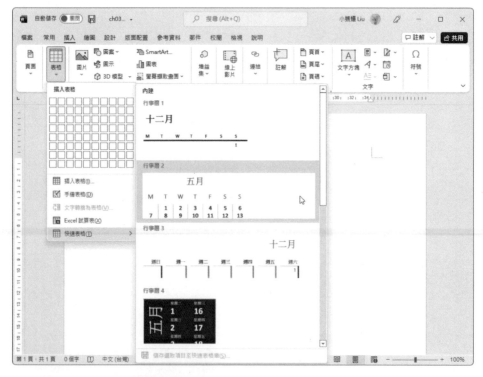

STEP**2**　展開內建的 **快速表格庫**，選擇一種預設的表格類型。

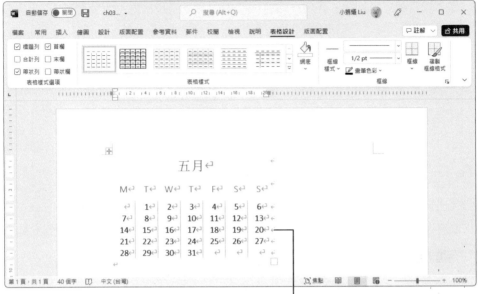

快速產生指定樣式的表格

3-1-2 建立空白表格

STEP **1** 先將插入點游標放在要插入表格的位置,再執行 **插入 > 表格 > 表格** 指令,從展開的下拉式清單中,移到所需要的欄與列數並點選。

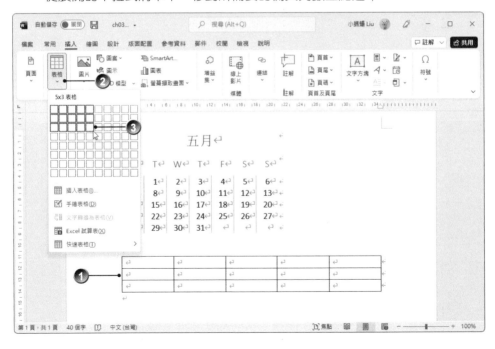

STEP**2** 產生相同欄寬與列高的表格，大小與版面同寬，預設框線為黑色單線。

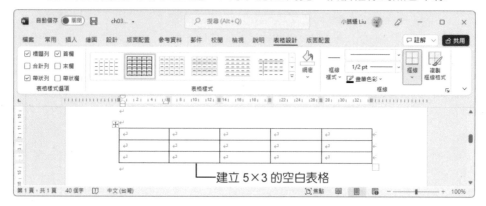

建立 5×3 的空白表格

STEP**3** 執行 **插入表格** 指令，可以透過 **插入表格** 對話方塊建立包含更多欄、列的表格。

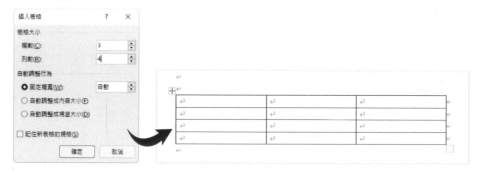

3-1-3 以手繪方式建立表格

執行 **插入 > 表格 > 表格 > 手繪表格** 指令，可以拖曳方式產生不規則的手繪表格。

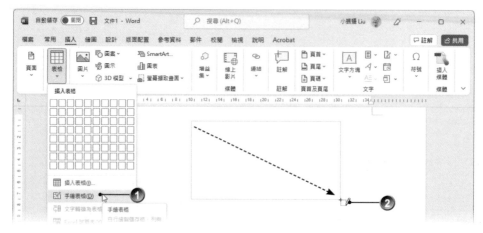

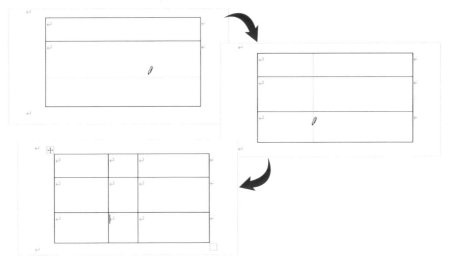

如果想在其他儲存格內產生各種對角斜線，除了可以 **手繪表格** 方式直接繪製之外，還可以使用 **表格設計 > 框線 > 框線** 清單中的 **左斜框線**、**右斜框線** 指令繪製。

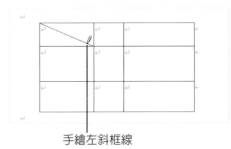

手繪左斜框線

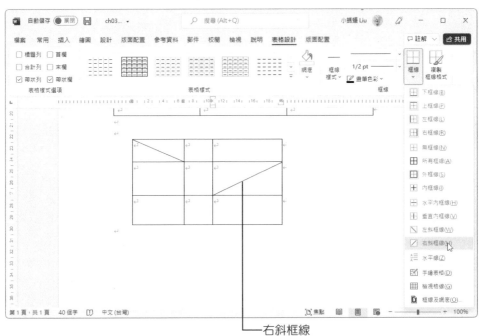

右斜框線

3-2 調整表格

表格產生之後，通常會再進行欄、列或儲存格的增刪，也會進行欄寬、列高、表格大小和表格位置的調整，這些都是表格的基本編輯操作。

3-2-1 選取儲存格

在表格中移動插入點游標與選取文字的方式，基本上與在文件中處理文字一樣，都可以使用滑鼠或鍵盤操作。在不同的選取區中，游標會呈現不同的樣子。當選取儲存格、欄或列時，**迷你工具列** 也會出現，其中包含 **插入** 或 **刪除儲存格** 指令供你快速執行。

點選這個記號可以選擇整個表格內容

選取儲存格

迷你工具列

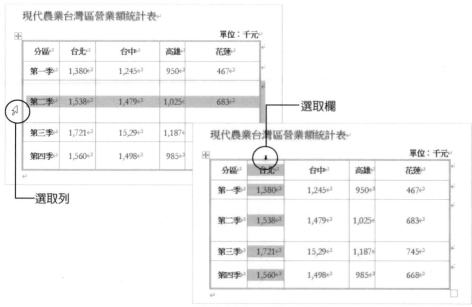

選取欄

選取列

現代農業台灣區營業額統計表

單位：千元

分區	台北	台中	高雄	花蓮
第一季	1,380	1,245	950	467
第二季	1,538	1,479	1,025	683
第三季	1,721	15,29	1,187	745
第四季	1,560	1,498	985	668

拖曳選取相鄰儲存格

此外，也可以使用 **版面配置 > 表格 > 選取** 指令清單中的相關指令，選取要設定的範圍。

插入點游標在這裡

> 🔍 **説明**
>
> - 若要選取不連續的欄、列或儲存格，請先按住 `Ctrl` 鍵再連續選取。
> - 插入點游標必須放在表格之中，或是先選取儲存格，如此與表格關聯的 **表格設計**、**版面配置** 索引標籤才會出現。

3-2-2 增刪欄、列與儲存格

要在現有表格中增加欄、列或儲存格的方法很相似，只是執行插入動作時，會因插入點游標所在位置，或選取儲存格範圍的不同而產生不同的結果。你可以透過功能區或按一下滑鼠右鍵來選取指令，透過欄、列的「輔助標記」則可以快速新增欄或列。

STEP1 選取欄（若要插入多欄，請選取相等的欄數），點選 **版面配置 > 列與欄** 功能群組中的相關指令。

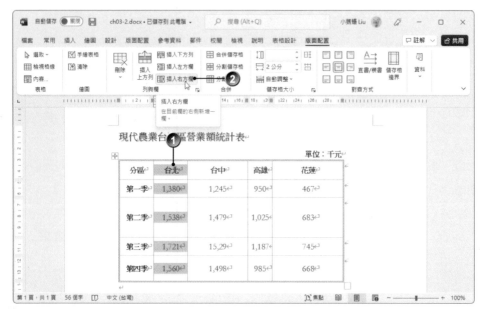

STEP2 將滑鼠移到左側選取區並選取列（若要插入多列，請選取相等的列數），然後上下移動滑鼠，此時在選取列的上方或下方會出現包含「+」的輔助標記，點選「+」即可插入等高的列數；同理，也可以插入等寬的欄數。

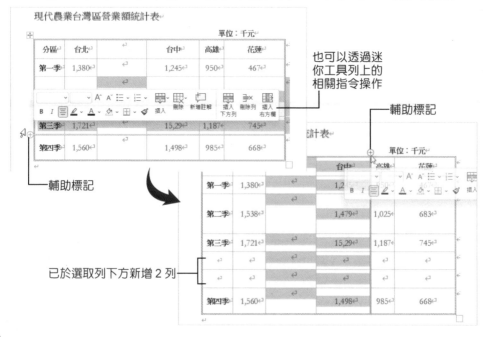

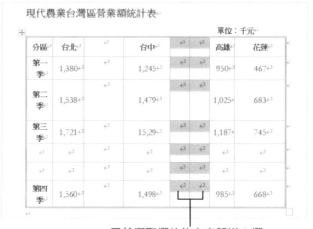

已於選取欄位的右方新增 2 欄

STEP3 選取儲存格範圍並按一下滑鼠右鍵，選擇 **插入 > 插入儲存格** 指令。

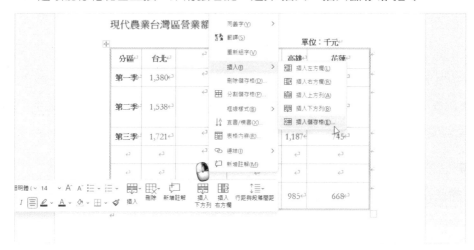

STEP4 出現 **插入儲存格** 對話方塊，你可以決定現有儲存格的移動方式。

STEP5 如果要刪除表格、儲存格、欄或列，請先選擇欲刪除的欄、列，或將插入點
       游標置於該儲存格中；點選 **版面配置 > 列與欄 > 刪除** 指令，從清單中選取
       要執行的指令。

也可以透過迷你工具列來執行

3-2-3 表格的大小與位置

表格產生之後，可以藉由拖曳方式調整大小和位置，也可透過 **表格內容** 指令，精確的設定尺寸及位置。

STEP1 將滑鼠游標移至表格內，此時表格左上角及右下角皆會出現不同的符號。

STEP2 點選右下角的方形（□）調整符號，按住滑鼠左鍵向外拖曳，可以放大表格；向內拖曳，可以縮小表格。

移動與選取表格符號

調整表格大小符號

向外拖曳放大表格

STEP3 點選表格左上角的表格選取符號（⊞），表格會呈選取狀態。

迷你工具列
也會出現

STEP4 按住滑鼠左鍵不放，拖曳到目的位置後放開滑鼠按鍵。

3-2-4 調整欄寬與列高

使用滑鼠拖曳的方式,是調整欄寬、列高最快的方法,可以透過下列方式調整欄寬或列高。

拖曳欄框線

STEP**1** 　將滑鼠移至相鄰儲存格之間的 **欄框線** 上時,滑鼠呈現 ◀▮▶ 狀態。

STEP**2** 　按住滑鼠左鍵拖曳到定位之後,放開滑鼠按鍵。

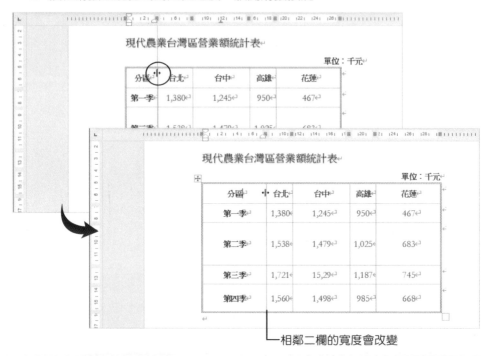

└─ 相鄰二欄的寬度會改變

拖曳水平尺規上的欄標記

將插入點游標游標放在表格內時,把滑鼠指向尺規上的 **移動表格欄** 標記,再進行拖曳。

└─ 會出現「移動表格欄」標記

調整列高度

通常表格內每列的高度，視儲存格內容的多寡而定，同一列的儲存格高度皆相同，不同列則可以有不同的列高。同樣以拖曳 **列框線** 或 **列標記** 來執行。

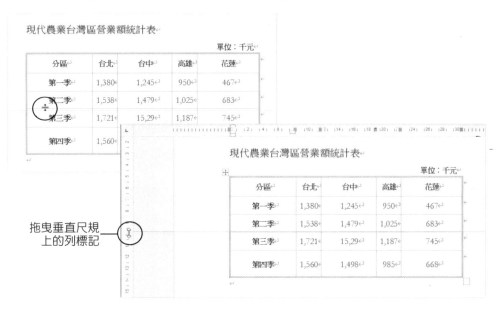

拖曳垂直尺規
上的列標記

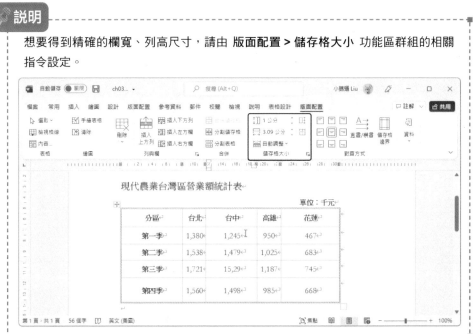

> 🖉 **說明**
>
> 想要得到精確的欄寬、列高尺寸，請由 **版面配置 > 儲存格大小** 功能區群組的相關指令設定。

3-2-5 平均分配列高與欄寬

　　平均分配欄寬 及 **平均分配列高** 指令，可以均分所選取的相鄰多欄或多列。提醒你，執行這二個指令之前，需先選取連續的欄或列，否則無法執行。

STEP**1**　選取要平均分配列高的數列或整個表格，執行 **版面配置 > 儲存格大小 > 平均分配列高** 指令。

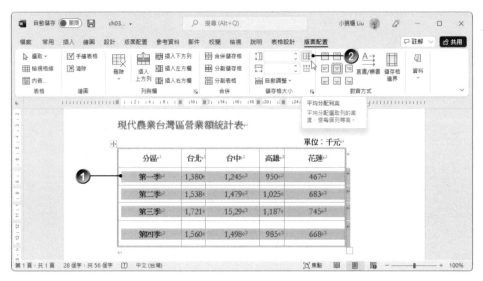

STEP**2**　選取要平均欄寬的數欄或整個表格，點選 **版面配置 > 儲存格大小 > 平均分配欄寬** 指令。

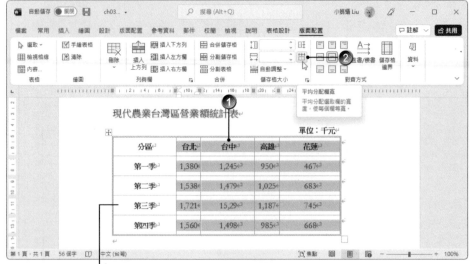

已平均分配表格的列高

現代農業台灣區營業額統計表

單位：千元

分區	台北	台中	高雄	花蓮
第一季	1,380	1,245	950	467
第二季	1,538	1,479	1,025	683
第三季	1,721	15,29	1,187	745
第四季	1,560	1,498	985	668

經過平均分配列高與欄寬的表格

3-3　合併與分割表格

若要在 Word 中隨心所欲的製作各種複雜結構的表格，善用 **合併** 與 **分割** 這二個指令是重要的關鍵。

3-3-1 合併儲存格

合併儲存格時，Word 會將相鄰儲存格的內容合併到單一儲存格中。

STEP **1**　選取欲合併的相鄰儲存格，點選 **表格工具 > 版面配置 > 合併 > 合併儲存格** 指令。

STEP **2**　也可以在選取範圍上按一下滑鼠右鍵，執行 **合併儲存格** 指令。

STEP3 重複上述步驟，合併需要的儲存格。

儲存格會合併
為單一儲存格

說明

- 經過合併的儲存格內容會變成段落形式，且保有原來的文字格式。
- 相鄰儲存格可以水平或垂直合併。
- 合併後的儲存格可以再分割。

3-3-2 以清除指令合併儲存格

表格的 **版面配置 > 繪圖 > 清除** 指令，除了可以取消框線外，也可以用來合併相鄰儲存格的內容。如果要清除的線段不足以使相鄰儲存格合併，則只會清除框線。

STEP1 將插入點游標置於表格內，點選 **版面配置 > 繪圖 > 清除** 指令，滑鼠會呈現 **橡皮擦** ✐ 狀態，在要清除的線段上點選。

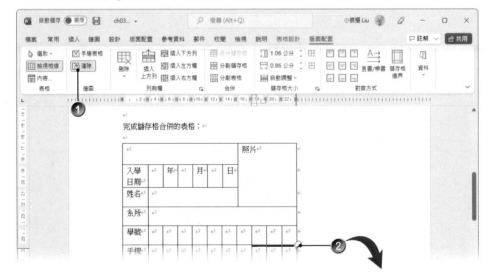

完成儲存格合併的表格：

STEP2 線段清除的同時，也完成儲存格的合併，不再使用時請按 [Esc] 鍵。

3-3-3 分割儲存格

　　視需要還可以將儲存格水平或垂直分割為多個儲存格，或將已經合併的儲存格再分割。

STEP1 將插入點游標置於欲分割的儲存格上，也可以選取已合併的儲存格或選取多個連續儲存格；執行 **版面配置 > 合併 > 分割儲存格** 指令。

STEP2 出現 **分割儲存格** 對話方塊，輸入或點選所要分割的 **欄數、列數**，按【確定】鈕。

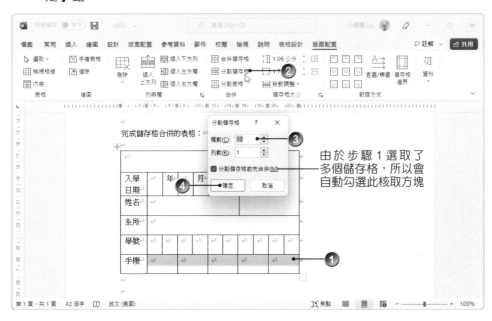

完成儲存格合併的表格：

經過合併與分割所完成的表格

3-3-4 分割表格

除了在儲存格內執行分割之外，也可以將表格分割成上、下二個部份，分割後的表格之間會自動產生一個段落。

STEP1 將插入點游標放在欲分割為上下二個表格的任一列儲存格中，點 **版面配置 > 合併 > 分割表格** 指令。

STEP2 插入點游標所在列之上方，會插入一個 **內文** 樣式的段落。

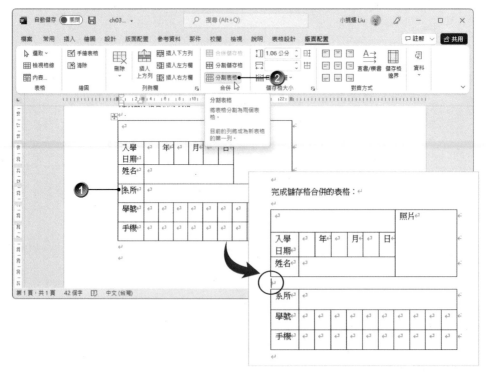

說明

- 如果文件檔案中已內建表格，而且是位在文件的起始處，想要在表格之前插入其他文字段落時，可在表格的第一列執行 **分割表格** 指令，讓表格向下移動。
- 如果要將二個分開的表格合併為一個表格，只要將表格之間的 **段落標記及內容** 刪除即可。

3-4 格式化表格

產生新表格的時候，每一個儲存格中都包含一個 **儲存格結束標記**（也就是 **段落標記** ）；每一個儲存格內容都可以有自己的格式，例如：框線及網底、縮排、對齊方式…等。

3-4-1 對齊方式與走向

針對儲存格內文字的對齊方式、文字走向設定，都可以透過表格的 版面配置 索引標籤內的指令執行。

STEP**1** 點選 **表格選取符號** ⊞，選取整個表格，或選取要設定文字對齊的儲存格，執行 **版面配置 > 對齊方式** 功能區群組中的 9 種對齊指令。

STEP**2** 將插入點游標置於要改變文字走向的儲存格中，執行 **版面配置 > 對齊方式 > 直書 / 橫書** 指令，改變文字的走向。

儲存格內的文字呈現水平、垂直皆置中

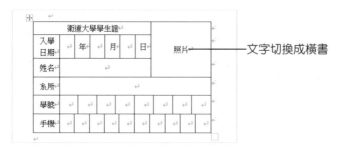

文字切換成橫書

3-4-2 框線與網底

　　除了儲存格內文字的加框線和網底格式設定之外，還可以格式化表格或儲存格的框線及網底，讓表格更美觀、更易閱讀。繪製框線之前，請先記住：「大範圍先做，小範圍後做」的觀念，這樣在繪製框線時會更有效率。

STEP1　點選 **表格選取符號**，選取整個表格；執行 **表格設計 > 框線 > 畫筆樣式** 和 **畫筆粗細** 指令，展開清單選擇 **畫筆樣式** 和 **線條寬度**。

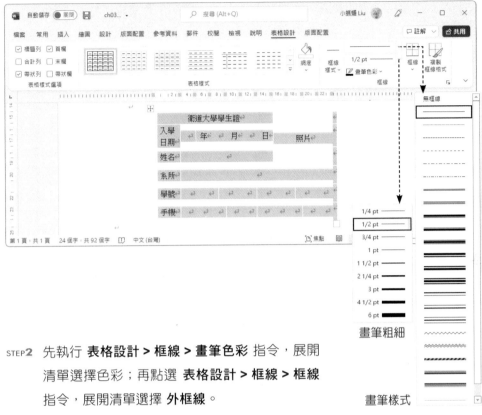

畫筆粗細

畫筆樣式

STEP **2** 先執行 **表格設計 > 框線 > 畫筆色彩** 指令，展開
清單選擇色彩；再點選 **表格設計 > 框線 > 框線**
指令，展開清單選擇 **外框線**。

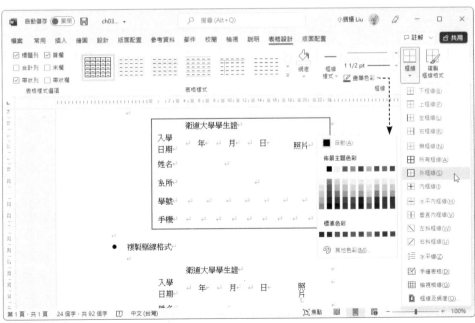

- 複製框線格式

STEP3 此時，表格仍在選取狀態，請重複步驟 1~2，這次選擇 **虛線**、**1pt**、**橙色**、**03 內框線**。

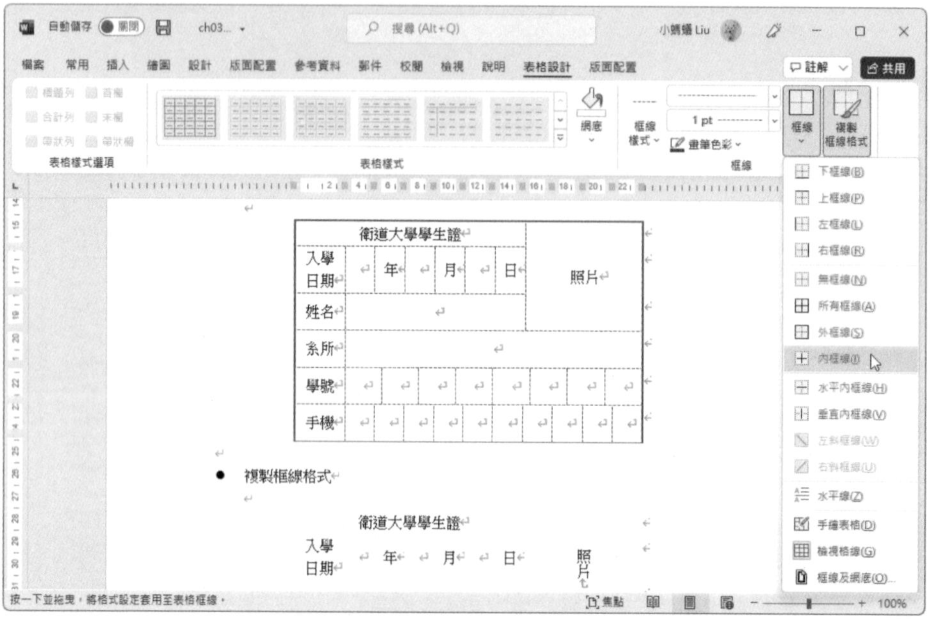

STEP4 選取某一儲存格範圍，選擇 **線條樣式**、**線條粗細**、**筆畫色彩**，或從內建的 **框線樣式** 清單中選擇一種預設框線；最後依選取範圍選擇要套用的框線，例如：**左框線**。

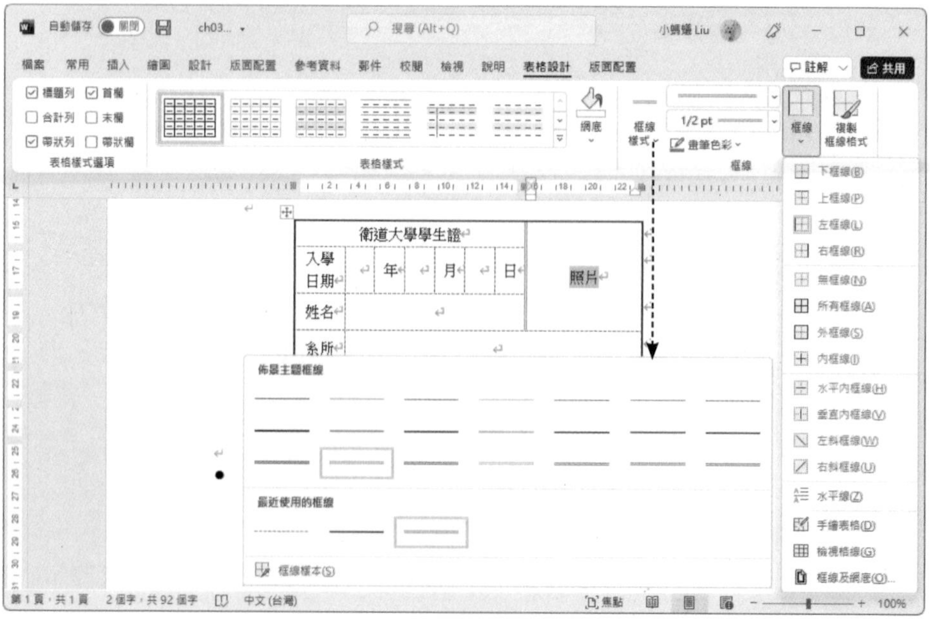

STEP**5** 選取要加網底的欄、列或儲存格，執行 **表格設計 > 表格樣式 > 網底** 指令，展開清單選擇一種色彩，立即預覽結果。

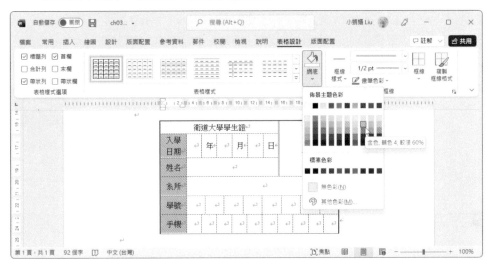

指定表格的框線格式後，會自動啟動 **複製框線格式** 指令，滑鼠游標會呈現 ✏ 形狀，此時可在要套用相同框線格式的線段上拖曳繪製，即可產生相同格式的框線；繪製完按 `Esc` 鍵。

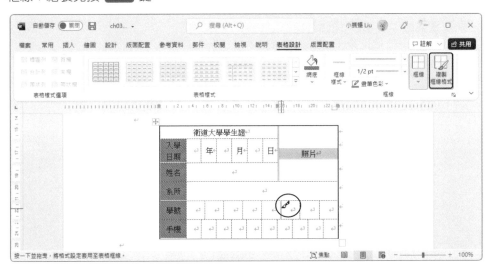

當表格框線設定為 **無框線** 的 **畫筆樣式** 時，執行 **版面配置 > 表格 > 檢視格線** 指令，可以在螢幕上顯示灰色虛線的參考格線，方便檢視表格結構。

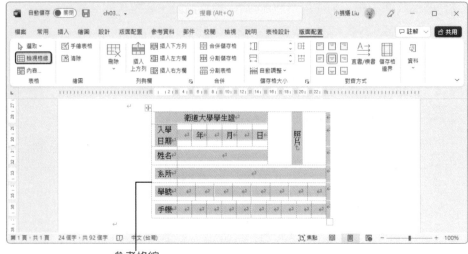

參考格線

3-4-3 套用表格樣式

透過快速格式化表格的功能，可以在表格中自動套用指定的格式；此外，還可以自訂表格樣式，並新增到清單中供其他表格套用。

STEP 1 　將插入點游標置於要套用格式的表格內，從 **表格設計 > 表格樣式** 的 **表格快速樣式庫** 中，指定任一種樣式並立即預覽效果。

表格快速樣式庫

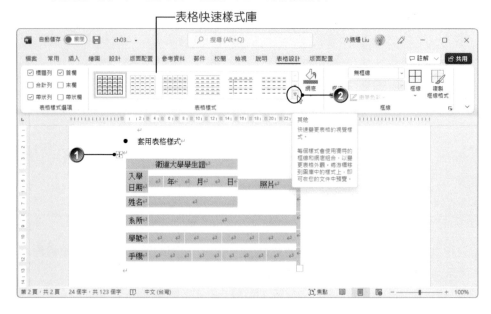

STEP2 　點選 **其他** 鈕可以展開清單，一次預覽更多的樣式。

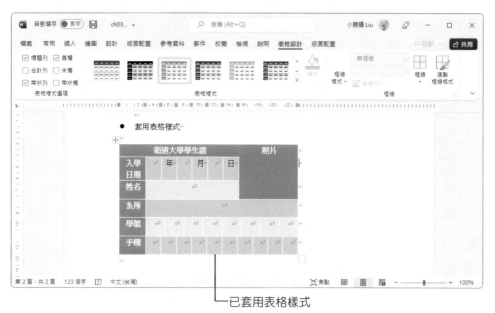

└─ 已套用表格樣式

🔍 **說明**

表格樣式選項 功能區群組中，預設會套用 ☑ **標題列**、☑ **首欄**、☑ **帶狀列**…等核取方塊；若格式不想套用在 **標題列** 或 **首欄**…等表格位置，可以取消勾選。

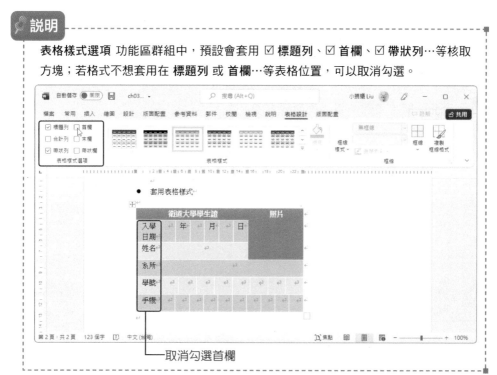

└─ 取消勾選首欄

3-4-4 表格標題跨頁重複

當表格的內容在「自動分頁」的情形下跨越到下一頁時，通常會希望跨頁之後的表格也能顯示標題列，較能辨識表格資訊。

STEP**1** 先選取要跨頁的 **標題列**（不管有幾列要重複，必須從第一列開始選），執行 **版面配置 > 資料 > 重複標題列** 指令。

STEP**2** 要取消跨頁標題重複，請重複步驟 1。

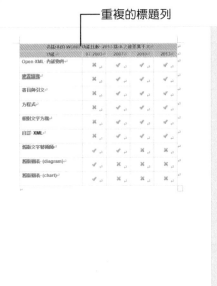

重複的標題列

3-5 編輯圖形物件

　　當我們在 Word 中提到「圖形物件」的時候，通常包括：圖案、自己設計的圖片、線上圖片、快取圖案、SmartArt、文字藝術師、圖表、SVG 圖示…等，還可以在文件中插入「線上視訊」，然後在文件中觀賞線上影片。

3-5-1 調整圖形物件的位置

　　當我們在文件中置入圖形物件時，根據圖形貼上的方式可以概分為二種：**與文字排列** 和 **浮動**。

- **與文字排列** 會出現在插入點游標的位置跟著文字一起左右移動。

- **浮動** 可以出現在文字的前方、後方或是與文字相互影響，也就是文繞圖的效果。

STEP**1** 選取已插入文件的圖形物件，執行 **圖片格式 > 排列 > 位置** 指令，展開清單立即預覽各種文繞圖的效果，並選擇其中一種套用。

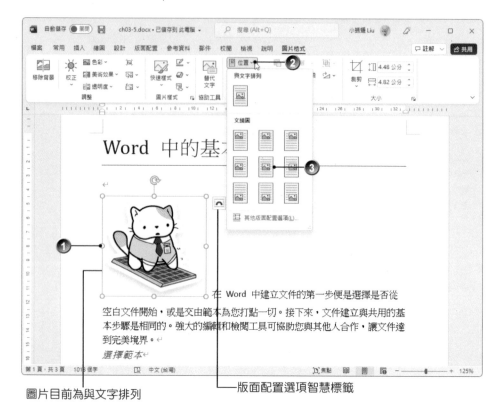

圖片目前為與文字排列　　　　版面配置選項智慧標籤

STEP**2** 圖片變更為 **中間置中矩形文繞圖** 的文繞圖選項後，會成為浮動物件，就不會再受文字的增減而左右移動。

點選圖形時會出現「錨」　　　也可以透過選項智慧標籤內的指令執行

3-5-2 圖形物件與段落的連結

圖形物件以「浮動」方式插入到文件時，仍然與段落有著密不可分的關係。究竟是哪一個段落會對圖形物件產生影響呢？請參考下列說明。

STEP**1**　先確認 **常用 > 段落** 功能區群組中的 **顯示 / 隱藏編輯標記** 指令已經啟動；接著，選取任一浮動的圖形物件，在最靠近物件的段落左邊界處會有一個「錨」，錨圖示右側的段落即是影響圖形物件的段落。

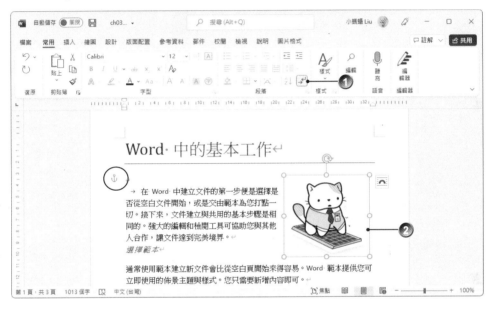

STEP**2**　選取該段落（包含段落標記），按 Del 鍵，圖形物件會隨著段落而消失。

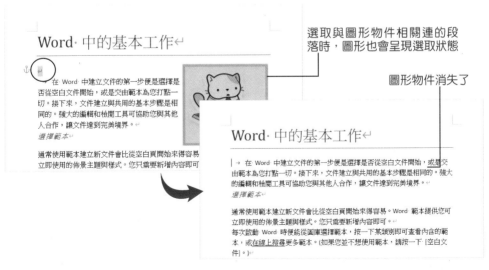

選取與圖形物件相關連的段落時，圖形也會呈現選取狀態

圖形物件消失了

STEP3　還原至上一個步驟，先選取圖形物件，再將滑鼠移到「錨」上，按住滑鼠左鍵拖曳到上方的標題段落上。

圖片還是在原來的位置，它不會因「錨」的移動而改變位置

STEP4　選取原本「錨」所在的段落，按 Del 鍵將其刪除。

圖形物件並沒有消失

　　從以上的操作得知「錨」是可以移動的，將「錨」從某個段落拖曳到另一個段落旁邊，其實就是改變與圖形物件位置相連結的段落。預設值圖形物件會隨著「錨」旁邊的那個段落一起上下移動哦！

3-5-3 圖形物件的文繞圖方式

　　基本上，浮動的圖形物件和本文段落是存在於不同的「面」，應該是互不干涉的；但是有時候為了製作出特殊的排版效果，我們會讓圖形物件影響本文段落的排列方式，這個稱之為「文繞圖」。

　　你可以將本文段落與圖形物件的配置關係以「樓層」來想像：本文段落是位在一樓，**與文字排列** 的圖形物件和本文位在同一樓；**浮動** 的圖形物件可以位在

二樓（文字在後）或地下室（文字在前）。如果浮動的物件與本文位在同一樓，將會產生干涉造成 **文繞圖** 的效果（**矩形**、**緊密**、**穿透**、**上** 及 **下**）。透過 **文繞圖** 指令可以改變圖形物件的文繞圖方式。

STEP**1** 點選任一圖形物件，執行 **圖片格式 > 排列** 功能區群組中的 **文繞圖** 指令，從清單中選取一種文繞圖的方式，例如：**緊密**。

點選此項將會使該圖形物件固定在頁面上的位置，不隨段落增刪而上下位移

STEP**2** 圖片成為浮動狀態，且與文字緊密排列，可以將其拖曳到適當的位置。

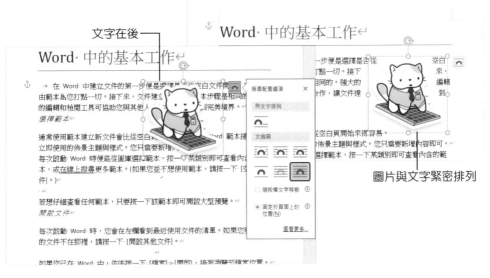

在文繞圖方式之中，**緊密** 與 **穿透** 是最特殊的，因為它可以讓文字不規則的圍繞著圖形邊緣排列。究竟為什麼文字可以繞著圖形排列呢？

STEP1 點選設定為 **緊密** 的圖形物件，執行 **圖片格式 > 排列 > 文繞圖 > 編輯文字區端點** 指令。

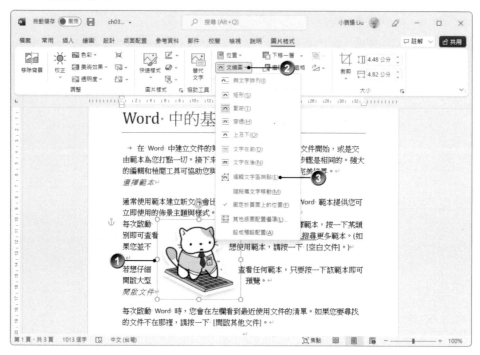

STEP2 圖片四周出現「黑色端點」及「紅色線條」，將滑鼠移到任一個黑色端點上（游標會變成 ✛ 狀態），拖曳可改變端點的位置，同時也會影響周圍文字的排列方式。

STEP3 先按 `Ctrl` 鍵再於紅線上點選，可以新增端點；先按 `Ctrl` 鍵再於端點上點選，則會刪除端點。

增、刪端點後再編輯

STEP4 完成編輯後，在本文區點選一下，即可離開編輯模式。

編輯過的「緊密」文繞圖配置

Note

Chapter

4

Word 的好用工具

文件的內容建立完成之後，通常會希望檢查一下文件的拼字是否正確、刪除多餘的字元或取代某一特定字串…等，針對這些需求 Word 內建許多能夠增進效率的工具，幫我們處理這些煩人卻又必須要做的瑣事。

4-1 尋找與取代

尋找 與 **取代** 是 Word 最有效率的功能，尤其在處理冗長的文件時更是能發揮其功效。它能將文件中不該出現的字串移除、更換合約中的客戶代表名稱、取代段落或字元的格式與樣式，甚至刪除多餘的空格和符號…等，善用這個功能，必能為你省下許多處理的時間。

4-1-1 尋找並標示

在 Word 中尋找字串時，可以讓所有找到的字串同時顯示出來，然後進一步決定要如何處理。執行 **常用 > 編輯 > 尋找 > 尋找** 指令，雖然會在文件中標示找到的字串，不過若想同時對找到的字串做相同的動作，例如：刪除或進行格式化，使用 **進階尋找** 指令比較有效率。

STEP**1** 　開啟要處理的文件，執行 **常用 > 編輯 > 尋找 > 進階尋找** 指令。

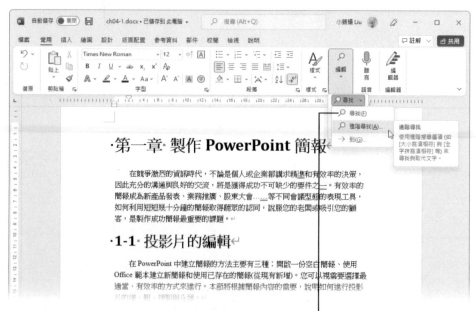

這個指令會開「導覽」工作窗格進行搜尋作業

STEP**2** 出現 **尋找及取代** 對話方塊並位於 **尋找** 標籤，在 **尋找目標** 方塊中輸入要尋找的字串，例如：「簡報」，按【尋找】鈕，從清單中選擇 **主文件** 指令。

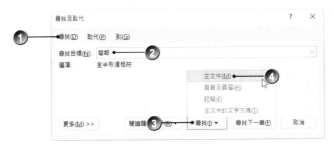

STEP**3** 文件中會以「反白」標示所有找到的字串，還會同時顯示在文件中所找到的個數。

STEP**4** 按【閱讀醒目提示】鈕，從清單中選擇 **全部醒目提示** 指令，所有「反白」標示的文字會加上醒目提示色彩。

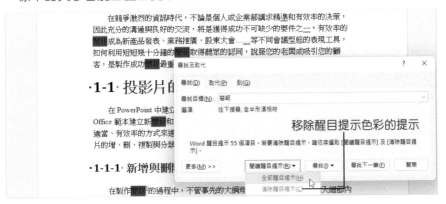

STEP5 請點選文件編輯區，視需要即可將這些找到的字串格式化，甚至 **刪除** 這些內容。

STEP6 再點選一下 **尋找及取代** 對話方塊，即可重複上述步驟，繼續尋找其他字串；否則，請按【關閉】鈕離開對話方塊。

> 🔔 **説明**
>
> 若步驟 2 中，點選【尋找下一筆】鈕，會一筆一筆標示所找到的符合項目。當整份文件都搜尋完畢之後，會出現提示訊息。
>
>

4-1-2 字串與字元樣式、格式的取代

尋找字串之後，還可以將找到的字串取代成為另一個字串，或變換字串的格式；如果字元或段落有套用樣式，也可以快速的進行取代。

字串的取代

STEP1 開啟範例，將插入點游標移至第 2 個段落的起始處，點選 **常用 > 編輯 > 取代** 指令，或按 `Ctrl` + `H` 鍵，出現 **尋找及取代** 對話方塊，於 **取代** 標籤的 **尋找目標** 方塊中，輸入要尋找的內容。

STEP2 將插入點游標移至 **取代為** 方塊，輸入要取代的字串，按【更多】鈕。

STEP3 在展開的對話方塊中，**搜尋** 設為 **往下**，請清除所有核取方塊（因為這些設定大多與英文有關），按【尋找下一筆】鈕。

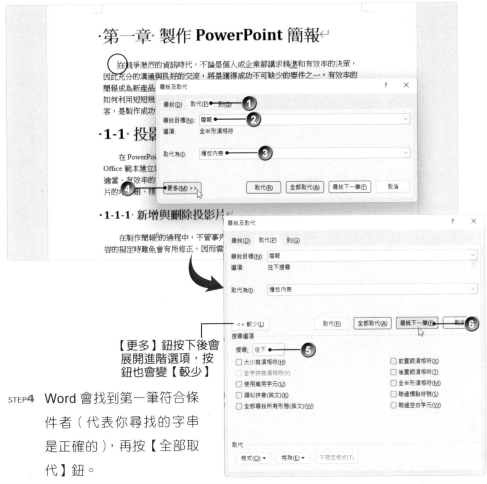

【更多】鈕按下後會
展開進階選項,按
鈕也會變【較少】

STEP4　Word 會找到第一筆符合條
　　　件者(代表你尋找的字串
　　　是正確的),再按【全部取
　　　代】鈕。

STEP5 出現完成取代的訊息，並告訴我們執行了幾個取代作業，本例因為第一個
段落還有一個「簡報」字串沒有取代，所以會詢問：「您要繼續從頭搜尋
嗎？」，請按【否】鈕。

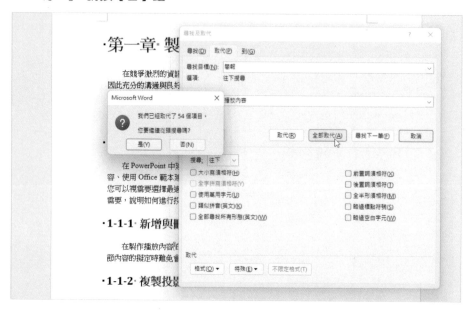

STEP6 若欲繼續進行下一個取代作業，請重複上述操作；否則，請按【關閉】鈕
離開對話方塊。

🔍 說明

- 如果設定的搜尋條件為 全部，此時插入點游標位於何處並無太大的關係，除非
  你要在某個特定範圍內尋找字串，就必須先選取該範圍。
- 條件輸入完成後，別急著按【全部取代】鈕；先按【尋找下一筆】鈕，可以檢
  查輸入的字串是否正確，因為即使多了一個空格，就有可能找不到字串哦！
- Word 除了可以進行取代的編修作業之外，還能替我們統計該尋找字串所出現
  的次數。

字元格式的取代

STEP1 重新開啟範例，進入 尋找及取代 對話方塊，在 尋找目標 輸入「簡報」。

STEP2 將 取代為 方塊中的內容反白選取之後，按 Del 鍵刪除，再將插入點游標
移至其中，按【格式】鈕，從展開的清單中選擇 字型 指令，並在 字型 對
話方塊中設定文字格式，完成後按【確定】鈕。

STEP3　回到 **尋找及取代** 對話方塊，按【全部取代】鈕。

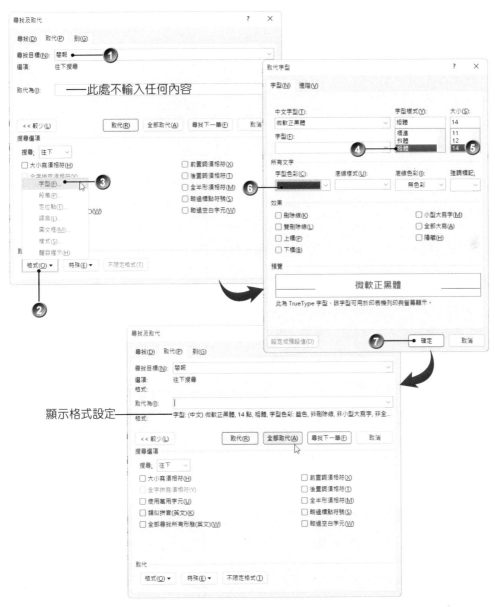

顯示格式設定

STEP4　出現完成取代的訊息，本例因為第一個段落還有一個「簡報」字串沒有取代，所以會詢問：「您要繼續從頭搜尋嗎？」，請按【否】鈕；按【關閉】鈕離開 **尋找及取代** 對話方塊。

字元格式取代後的結果

樣式的取代

尋找到的字串除了可以快速設定格式之外，如果文件的內容已套用樣式，也能透過 **尋找及取代** 的功能快速變更文件內容的樣式。

STEP**1** 開啟範例，文件的標題已套用「標題 1~ 標題 3」樣式，本文則為預設的「內文」樣式，文件中已新增多個樣式。

STEP**2** 進入 **尋找及取代** 對話方塊，先將 **尋找目標** 中的內容刪除（如果 **取代為** 的狀態有其他格式，請先按【不限定格式】鈕）；將插入點游標放在 **尋找目標** 中，按【格式】鈕選擇清單中的 **樣式** 指令。

 説明

點選 **常用 > 樣式** 功能區群組中的 **對話方塊啟動器** 鈕，可以透過 **樣式** 窗格查看此份文件中使用哪些樣式。

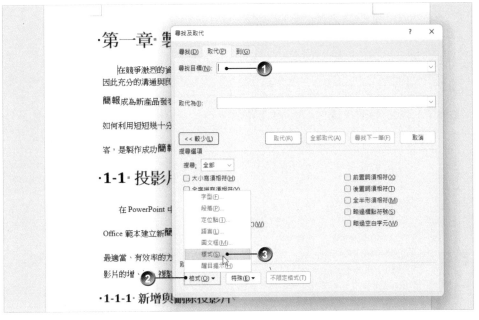

STEP3 出現 **尋找樣式** 對話方塊，於 **尋找樣式** 清單中
選擇 **內文**，按【確定】鈕。

STEP4 回到 **尋找與取代** 對話方塊，將插入點游標移至
取代為 方塊中，按【格式】鈕，在清單中選擇
樣式 指令。

STEP**5** 出現 **取代樣式** 對話方塊，於 **以樣式取代** 清單中，選擇「段落 - 藍」，按【確定】鈕。

STEP**6** 回到 **尋找與取代** 對話方塊，按【全部取代】鈕；出現完成取代的訊息，按【確定】鈕。按【關閉】鈕將 **尋找及取代** 對話方塊關閉。

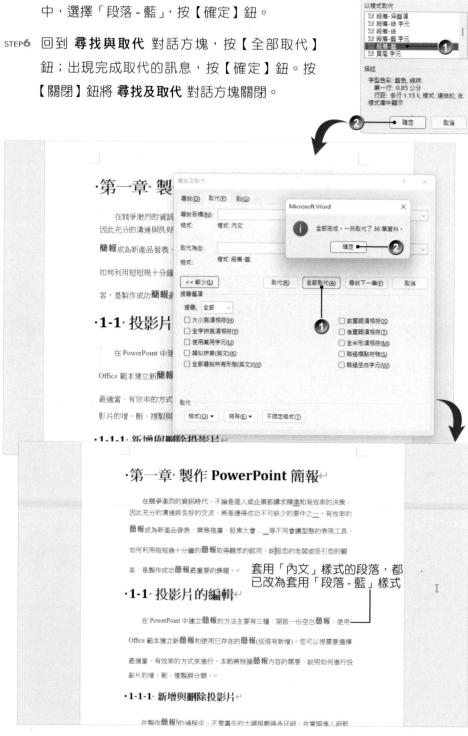

套用「內文」樣式的段落，都已改為套用「段落 - 藍」樣式

STEP**7** 重複上述步驟，可以將樣式為「標題 1」~「標題 3」的段落分別以自訂的樣式取代。

4-1-3 特殊字元的取代

Word 會將 空格、段落符號、定位字元、分頁符號 或 圖形…等視為 特殊字元，當要尋找或取代這些 特殊字元 時，請先確認已啟動 常用 **>** 段落 **>** 顯示 **/** 隱藏 編輯標記 指令，以便觀察 段落標記、定位符號 及其他 非列印字元。

STEP**1** 進入 尋找及取代 對話方塊，插入點游標位於 尋找目標 方塊中，先清除內容及格式，再按【特殊】鈕，從清單中選取 空白區域。

STEP**2** 由於要刪除文件中的 空白區域，因此將 取代為 方塊中的內容和格式也清除，按【全部取代】鈕。

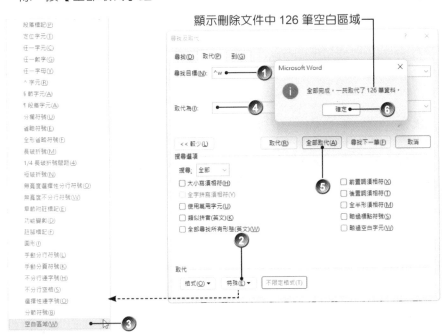

顯示刪除文件中 126 筆空白區域

📌 說明

「^w」表示 空白區域，「^p」表示 段落標記，「^m」表示 手動分頁符號，「^t」表示 定位符號，「^c」表示 剪貼簿 的內容。

4-2　語言工具

語言工具 是 Word 文書處理軟體中不可缺少的好幫手，無論是要編輯中文書信（繁體或簡體）、檢查英文拼字，或是要中文翻英文、英文翻中文，甚至中文翻西班牙文…等，它都能輕易滿足。

4-2-1 中文繁簡體的轉換

使用 **簡繁轉換** 的功能，可以替兩岸文化交流提供更方便的溝通橋樑。任何文件，只要一個指令，就能快速轉換繁體字與簡體字。

STEP**1** 開啟文件，選取要轉換的文字範圍（如果沒有選取任何文字，會轉換整份文件），執行 **校閱 > 中文繁簡轉換 > 繁轉簡** 指令。

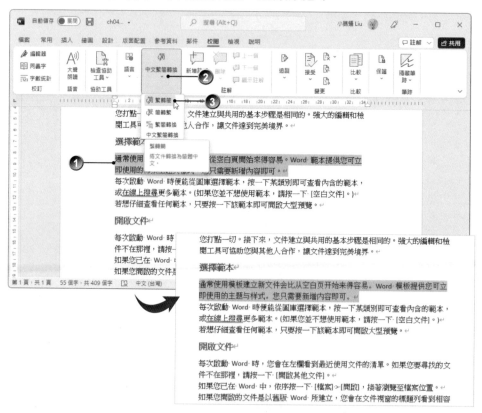

STEP**2** 若步驟 1 是執行 **校閱 > 中文繁簡轉換 > 繁簡轉換** 指令，會出現 **中文繁簡轉換** 對話方塊，可以點選要轉換的選項，也可以按【自訂字典】鈕進行詞彙的定義；按【確定】鈕。

4-2-2 翻譯

翻譯 功能可以將所選取的中文字詞翻譯成英文（或其他語言），或是將英文（或其他語言）單字翻譯成中文。

翻譯選取範圍

STEP**1** 選取要翻譯的字串，執行 **校閱 > 語言 > 翻譯 > 翻譯選取範圍** 指令。

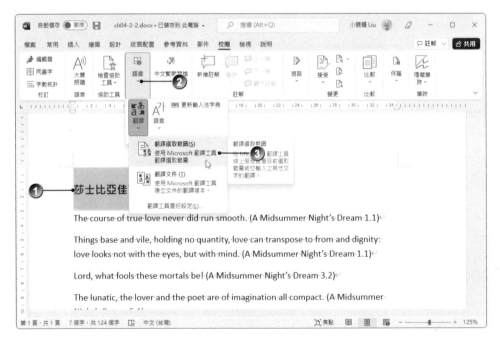

STEP**2** 出現 **翻譯工具** 窗格，**來源** 中會出現所選取的字串；**目標** 請選擇要翻譯的語言，例如：**英文**，即會同步顯示翻譯的結果；按【插入】鈕，翻譯的文字會取代所選取的字串。

翻譯整份文件

STEP**1** 開啟要翻譯的文件檔案，執行 **校閱 > 語言 > 翻譯 > 翻譯文件** 指令。

STEP**2** 出現 **翻譯工具** 工作窗格，**來源** 會自動偵測語系；若偵測異常，可以從清單中選擇；**目標** 請選擇要翻譯的語言，例如：**繁體中文**，按【翻譯】鈕。

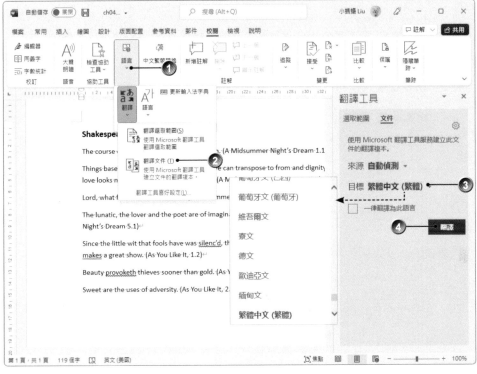

STEP3 稍微等待一下，**翻譯工具** 窗格會出現「翻譯完成」訊息，請按【確定】鈕；翻譯結果會以個別視窗顯示。

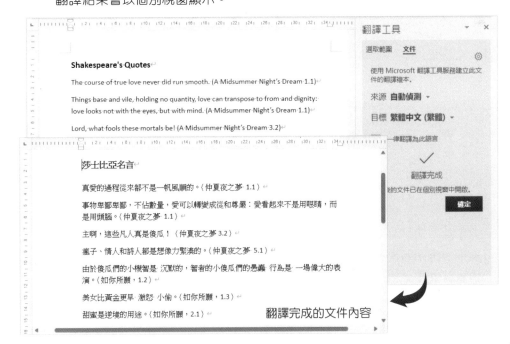

4-2-3 拼字檢查

對於經常要撰寫英文書信的讀者來說，Word 是最佳的校訂工具，它可以校正拼字錯誤和文法用詞。預設情形下 **拼字檢查** 是啟動的，因此在輸入單字的同時即會執行 **拼字檢查**。你可以透過下列程序檢查是否已啟動此項功能。

STEP1 執行 **檔案 > 選項** 指令，開啟 **Word 選項** 對話方塊，選擇 **校訂** 標籤，確認拼字檢查及文法錯誤的核取方塊皆有勾選之後，按【確定】鈕。

STEP2 文件所輸入的單字有錯時，Word 會在該單字下方以「紅色波浪底線」標示，表示單字「可能」拼錯了。此時，請將插入點游標放在單字中，清單中會顯示建議的單字，你可以直接選擇。

也可以按鼠右鍵方式執行

> 📝 **説明**

- 所謂的「拼字錯誤」，是指電腦中所使用的字典裡沒有該單字；如果出現「藍色波浪底線」則表示文法有誤。
- 如果輸入的單字並無拼錯，例如：為某一個公司名稱的縮寫，此時可以選擇 **全部忽略** 指令；若不想每次輸入該單字時都被視為錯誤單字，可以選擇 **新增至字典** 指令，這樣下次再輸入同樣的單字時，就不會出現拼錯字的訊息。

4-3 使用建置組塊

使用者可以快速在 Word 文件中建立所需要的組件，例如：**封面頁、頁首、頁尾、表格、文字方塊、目錄**…等，這些經常需要重複使用到的文件組件就稱為「建置組塊」，使用這些快速組件可以輕鬆產生文件內容。**建置組塊** 和 Word 早期版本所使用的 **自動圖文集** 有異曲同工之處，都是可以加快文件製作速度的好用工具。

4-3-1 插入文件摘要資訊

由於組件屬性的不同，你可以從各功能區群組指令的 **快速組件庫** 中插入快速組件，例如：**文字方塊庫、浮水印庫、封面頁庫**…等，其中的 **封面頁** 中預設會包含與文件資訊有關的「控制項」。如果要在文件中插入和文件資訊有關的控制項，例如：地址或公司的商標、名稱…等，可以透過 **文件摘要資訊** 執行。

STEP **1** 插入點游標置於要產生文件資訊的位置，執行 **插入 > 文字 > 快速組件 >**
文件摘要資訊 指令，從展開的 **文件摘要資訊** 清單中選擇要使用的項目，
例如：**發佈日期**。

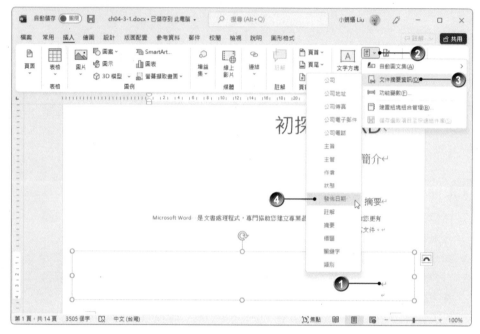

STEP **2** 插入點游標所在的位置即會建立「發佈日期」控制項，視需要調整日期。

4-3-2 新增自訂的快速組件

除了內建的 **建置組塊** 之外，也可以將經常在文件中重複使用的文字方塊、
圖片或表格…等內容，新增至快速組件庫中，作為自訂的 **文字方塊、浮水印、**
頁首 或 **頁尾**…等。

STEP**1** 選取要儲存為建置組塊的文字或圖形，本例中選擇文字方塊（請注意！是選取文字方塊的外框），執行 **插入 > 文字 > 快速組件 > 儲存選取項目至快速組件庫** 指令。

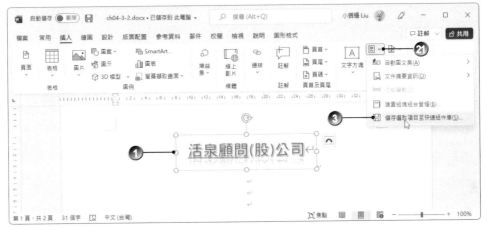

STEP**2** 出現 **建立新建置組塊** 對話方塊，於 **名稱** 欄位中命名；接著，選擇其他欄位項目並輸入簡單的描述，完成後按【確定】鈕。（**類別** 清單的內容與選擇的 **圖庫** 類型有關）

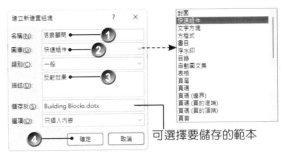

可選擇要儲存的範本

STEP**3** 建立好的快速組件，會出現在 **插入 > 文字 > 快速組件** 清單的 **一般** 類別。

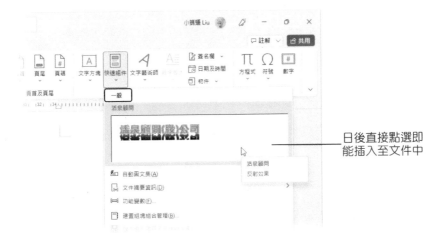

日後直接點選即能插入至文件中

4-3-3 新增自動圖文集

Word 早期版本的 **自動圖文集**，在 Word 2010 之後又出現了，它也屬於建置組塊，因此新增與使用的方式與建置組塊相似。

STEP**1** 選取要儲存為自動圖文集的項目（文字、圖形、表格…等），執行 **插入 > 文字 > 快速組件 > 自動圖文集 > 儲存選取項目至自動圖文集庫** 指令。

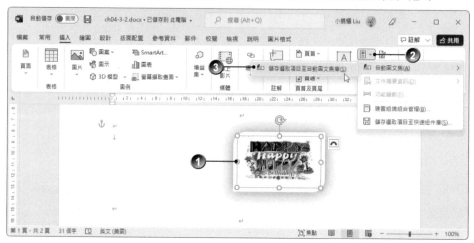

STEP**2** 出現 **建立新建置組塊** 對話方塊，**圖庫** 類別自動選為 **自動圖文集**，輸入 名稱…等設定之後，按【確定】鈕。

STEP**3** 新增的項目會顯示在 **插入 > 文字 > 快速組件 > 自動圖文集** 清單的 **一般** 類別之中。

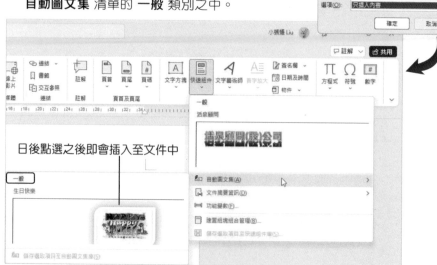

4-3-4 建置組塊組合管理

我們已經知道 **建置組塊** 是可以重複使用的文件組件，編輯時可以從不同的圖庫中隨時存取。透過 **建置組塊組合管理** 對話方塊能檢視並管理 Word 中所有可用的建置組塊，包括插入、刪除及重新編輯…等作業。

STEP1 執行 **插入 > 文字 > 快速組件 > 建置組塊組合管理** 指令，出現 **建置組塊組合管理** 對話方塊，先從 **建置組塊** 清單中，點選要編輯的項目，按【編輯內容】鈕。

顯示所有建置組塊的圖庫類別

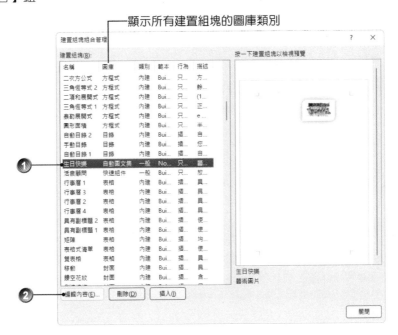

STEP2 出現 **修改建置組塊** 對話方塊，執行相關修改，按【確定】鈕。

STEP3 出現確認修改的訊息，按【是】鈕完成修改。

STEP4 在 **建置組塊組合管理** 對話方塊中，點選某一建置組塊名稱，按【刪除】
鈕可以將其刪除。

STEP5 按【關閉】鈕，離開 **建置組塊組合管理** 對話方塊。

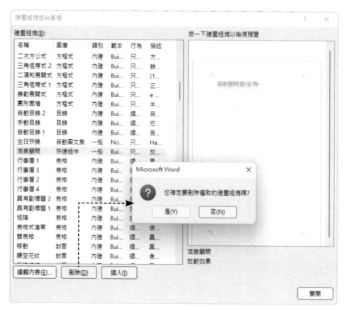

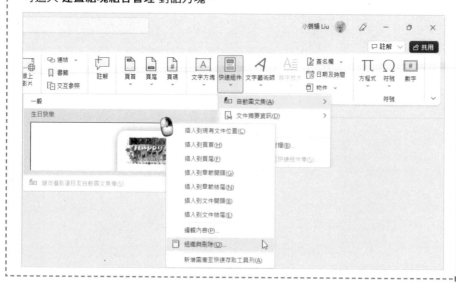

4-4 建立目錄

目錄 是論文、報告這類長文件中不可缺少的部分，目錄內容和格式關係到檢閱者對該文件的了解程度和評價，因此「正確度」與「美觀性」是製作目錄的二大要素。

4-4-1 以標題樣式製作目錄

若要在 Word 中快速編排目錄，首先，文件中的標題段落最好先套用樣式，無論是 Word 所內建的標題樣式，還是你自訂的樣式皆可。當文件內容套用標題樣式之後，製作目錄時，Word 就能清楚辨識這些標題內容，並將其加入到目錄清單。

STEP**1** 開啟要製作目錄的文件，目錄通常位在文件一開始，請將插入點游標移至要產生目錄的空白段落上，執行 **參考資料 > 目錄 > 目錄** 指令。

STEP**2** 從展開的 **目錄庫** 清單中，選擇一種要套用的目錄樣式。

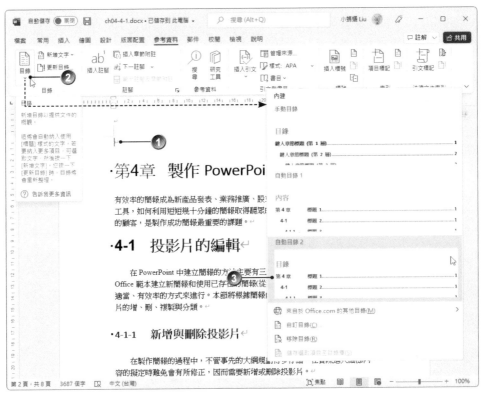

這份文件的標題皆已套用 Word 預設的標題樣式：標題 1~ 標題 3

產生的目錄

4-4-2 以自訂樣式建立目錄

建立文件時，通常會習慣套用自訂的文件樣式，而不採用 Word 預設的樣式。因此，即使你未套用預設的標題樣式，也可以自訂樣式建立文件目錄。

STEP1 開啟已套用自訂樣式「title-1~3」的文件，將插入點游標放在要產生目錄的位置。

STEP2 執行 **參考資料 > 目錄 > 目錄 > 自訂目錄** 指令。

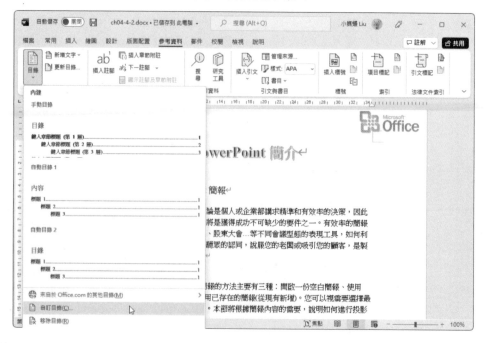

STEP3 出現 **目錄** 對話方塊，選擇 **目錄** 標籤，按【選項】鈕。

預設值為 3，表示要在
目錄中顯示的標題層數

STEP4 出現 **目錄選項** 對話方塊，於 **可用樣式** 清單中捲動捲軸，找到文件中要編入
目錄的樣式「title 1-3」；並於 **目錄階層** 欄位中輸入 1 到 9 的數字，指定自
訂樣式的階層。

STEP5 捲動捲軸，選取預設的 **目錄階層**「標題 1~3」將其反白後刪除，完成設定
後按【確定】鈕。

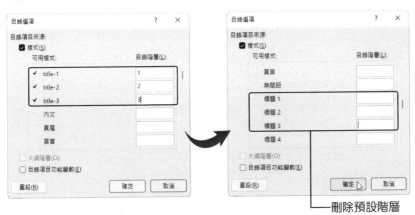

刪除預設階層

STEP6 回到 **目錄** 對話方塊，從 **格式** 下拉式清單中選擇一種目錄格式，例如：**取自
範本**，按【確定】鈕。

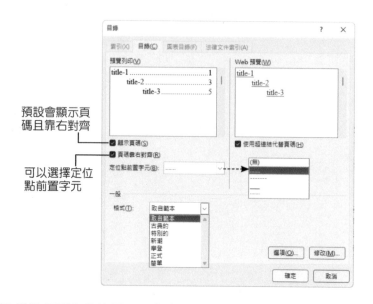

STEP**7** 插入點游標所在的位置，即會建立目錄。當你將滑鼠移到目錄上時，會出現提示，要求你「按住 **Ctrl** 鍵再按一下滑鼠以追蹤連結」。按 **Ctrl** 鍵，游標會呈現「**小手** 🖑」形狀，點選後畫面會立即捲動到該標題的段落上。這是因為預設有勾選 ☑ **使用超連結代替頁碼** 核取方塊，這種方式非常適合閱讀線上文件。若不需此追蹤連結的功能，在 **目錄** 對話方塊中可以取消勾選此核取方塊。

Microsoft Office

PowerPoint 簡介

先按 **Ctrl** 鍵再點選會跳至指定的章節

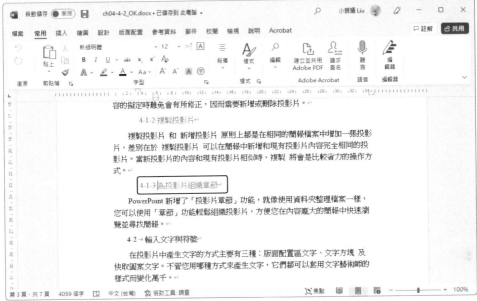

已跳躍至指定章節所在的頁面

如果要移除目錄，請執行 **參考資料 > 目錄 > 目錄 > 移除目錄** 指令。

Note

Chapter

5

建立Excel電子試算表

Excel 文件一般稱之為「試算表」，而每一文件由多頁「試算表」構成「活頁簿」，通常 Excel 又將「試算表」稱為「工作表」，而用來輸入文字或數值資料、公式、函數…等的最基本元件稱為「儲存格」。針對初學 Excel 的使用者而言，學習的首要之務就是如何選取所要的儲存格或儲存格範圍，然後才是輸入、編輯與分析資料。

5-1 儲存格與工作表

儲存格 是 Excel 試算表的最基本元件，多數工作都與其有密切的關係，因此如何快速地選取單一儲存格或儲存格範圍，是這一節所要說明的主要內容；另外，還必須學會如何選取、新增或刪除工作表。

5-1-1 選取儲存格

如果要選取單一儲存格，可以使用滑鼠或鍵盤（按 🔼、🔽、◀、▶ 鍵）操作，但是以滑鼠較為便利。只要移動滑鼠游標到所要的儲存格，按一下滑鼠左鍵即可。當單一儲存格被選取時，其四周會以「綠色粗線」顯示且右下角會帶著填滿控制點，我們稱它為 **作用儲存格**。

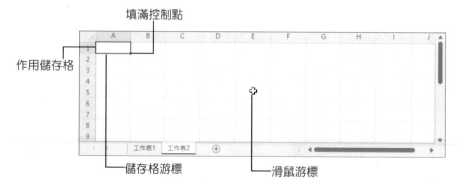

選取儲存格範圍

除了選取單一儲存格之外，還可以選取儲存格範圍。如同 **作用儲存格** 一樣，被選取的範圍，會以「灰色」顯示，而其 **作用儲存格** 則為白色背景。你可以針對選取的範圍執行 Excel 的指令，或輸入需要的文數字資料、公式、函數…等。

STEP 1　請將滑鼠指到欲選取範圍的任一角落之儲存格。

STEP 2　按住滑鼠左鍵不放，拖曳滑鼠至選取範圍的對角儲存格。

STEP3　鬆開滑鼠按鍵，完成選取動作。

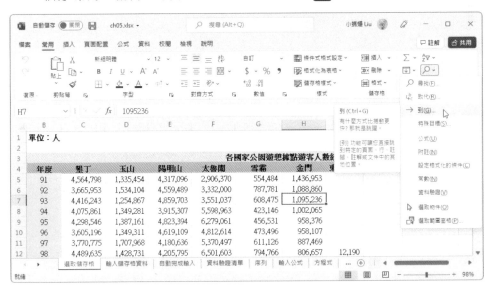

快速選取儲存格

　　為了快速選取要編輯的儲存格，或含某些特定資料的儲存格，可以使用快速選取的方法執行選取工作。

STEP1　執行 **常用 > 編輯 > 尋找與選取 > 到** 指令或按 [F5] 鍵。

STEP**2** 出現 **到** 對話方塊，在 **參照位址** 中輸入欲選取的儲存格參照位址，例如：
E9，按【確定】鈕，即會選取指定的儲存格。

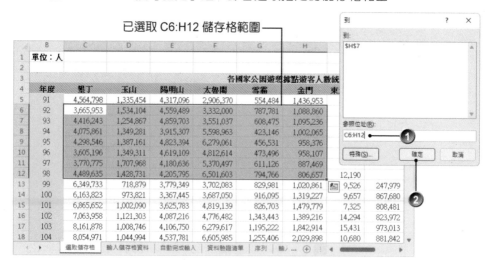

STEP**3** 如果要選取大範圍，請在 **參照位址** 中輸入欲選取的儲存格參照位址，例
如：C6:H12，按【確定】鈕，即會選取指定的儲存格範圍。

已選取 C6:H12 儲存格範圍

5-1-2 選取與增刪工作表

　　選取工作表的方法非常簡單，只要以滑鼠直接點選指定的 **工作表標籤** 即可，
被選取的工作表其標籤會「反白」顯示，而且「工作表名」稱會出現「底線」。
如果所要選取的工作表，未出現在 **工作表標籤**，你可以使用 **標籤捲動按鈕**，左
右移動查看。

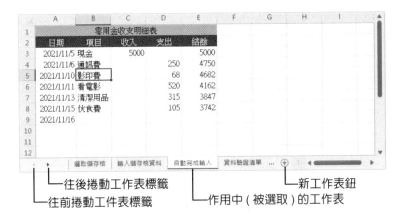

├── 往後捲動工作表標籤　├── 新工作表鈕

├── 往前捲動工件表標籤　├── 作用中 (被選取) 的工作表

新增工作表

　　Excel 的新活頁簿檔案，預設只有 **1** 張工作表，你可以視工作需要自行增加。只要按一下 **新工作表** ⊕ 鈕，即能在「作用中」工作表的後方新增一張工作表。

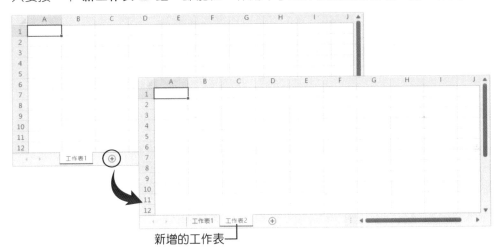

├── 新增的工作表 ──┤

刪除工作表

STEP**1**　選取要刪除的工作表，在其標籤上按一下滑鼠右鍵，執行 **刪除** 指令。

STEP**2**　出現警告訊息，按【刪除】鈕，即會刪除指定的工作表。如果刪除的是空白工作表，則不會出現此對話方塊。

5-2 輸入儲存格資料

Excel 能夠接受許多資料格式,例如:**文字**、**數字**、**日期**、**時間**…等,也包括 **邏輯值** 與 **錯誤值**;除此之外,含有 **等號**(=)的 **公式** 與 **函數**,也是相當重要的資料格式。針對上述資料格式,可以廣泛的將其區分為二大類:一為 **常數**,指的是文字、數值、日期…等格式;另一為 **公式** 與 **函數**,指的是所有輸入時以 **等號**(=)為起始的資料。

5-2-1 輸入文字、數值與日期

選定 **作用儲存格** 之後,就可以開始輸入資料。你可以在 **資料編輯列** 輸入資料,也可以直接在 **儲存格** 輸入資料。無論採用哪一種方法輸入資料,都可以看到 **插入點游標** 正在閃爍,指示你所要輸入資料的位置;輸入完成後,請按 **輸入** ✓ 鈕或 Enter 鍵;如要取消輸入,請按 **取消** ✕ 鈕。

輸入文字

所謂 **文字**，是指所輸入的資料，不論其外觀型式為何（數字除外），皆會被視為文字；被輸入的文字會自動在儲存格中 **靠左對齊**。如果要輸入中文字，則請切換到 **中文輸入** 狀態，並選擇要使用的 **輸入法**。如果要在 Excel 中輸入中文標點符號，請使用 **插入 > 符號 > 符號** 指令，透過 **符號** 對話方塊操作。

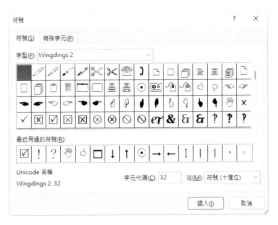

輸入數值

所謂 **數值**，顧名思義指的是可以用來計算的資料。事實上在 Excel 中可以使用的數值字元，僅有下列 16 個：1、2、3、4、5、6、7、8、9、0、-、+、/、. 、E 及 e，其輸入方法與輸入文字完全一樣，你可以輸入整數、小數、分數與科學符號…等，資料輸入完成後在儲存格中是 **靠右對齊**。

輸入日期 / 時間

Excel 會依據所輸入的資料自動辨識是否為「日期 / 時間」，當你輸入的資料不是「日期 / 時間」格式時，Excel 會將其當成文字。

日期資料　　　　時間資料

● 如果要輸入日期，請使用 **斜線符號**（/）或 **連字號**（-）分隔日期年、月、日，例如：輸入「3/14/2022」或「14-Mar-2022」。

● 如果要輸入 12 小時制的時間，請先輸入時間再於後面加上一個 **空格**，最後輸入 **A** 或 **P**，例如：晚上九點，要輸入「9:00 P」；否則，Excel 會顯示上午時間。

> **説明**
>
> 雖然輸入日期 / 時間時，Excel 會依據系統日期自動辨識，但仍無法完全解決千禧年日期設定的問題，若輸入的日期年份為 2 位數，則會產生下列狀況；因此建議你以 4 位數方式輸入日期，以免出錯。
>
> ◐ 輸入的範圍介於 00~29 之間，Excel 會自動轉換成 2000~2029 年。（若希望輸入的年份為 1900~1929 之間，必須輸入 4 位數。）
>
> ◐ 輸入的範圍介於 30~99 之間，Excel 會自動轉換成 1930~1999 年。（若希望輸入的年份為 2030~2099 之間，必須輸入 4 位數。）

5-2-2 自動完成輸入

輸入資料的時候，經常會遇到要重複輸入相同資料的情況。為此 Excel 提供一項人性化的功能—**自動完成輸入**，在輸入同一欄位中的資料時，會依據曾經輸入的資料自動完成下一個資料的輸入。

STEP**1** 開啟範例檔案「**ch05.xlsx**」，或參考下圖在工作表輸入相關資料。

STEP**2** 將滑鼠游標移至 **B9** 儲存格，輸入「**影**」字，Excel 即會自動完成輸入「影印費」。

「印費」2 字會自動出現

STEP**3** 將滑鼠游標移至 **B10** 儲存格，準備輸入「看棒球」。當輸入「看」時，儲存格會自動顯示「看電影」，請不予理會，繼續輸入「棒球」即可。

STEP**4** 將滑鼠游標移至 **B11** 儲存格，輸入「看」字，因為系統無法辨別目前要輸入的是「看電影」，還是「看棒球」，此時儲存格不會自動顯示。

STEP**5** 延續步驟 4，輸入「電」，剩下的「影」字，Excel 會自動完成輸入。

STEP**6** 將滑鼠游標移至 **B12** 儲存格，按一下滑鼠右鍵，點選 **從下拉式清單挑選** 指令；再於清單中選擇要輸入的資料（例如：通訊費），即可輸入指定的資料。

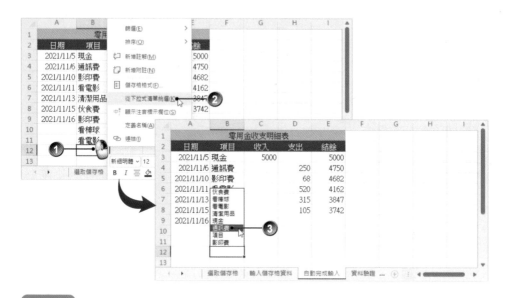

> **說明**
>
> 自動完成輸入 的功能，僅針對同一欄位中「連續的」儲存格資料才有作用。

5-2-3 使用資料驗證清單

使用 **自動完成輸入** 的功能，雖然可以節省輸入的時間，但會受限於同欄位且要接續上面儲存格的條件，如果使用 **驗證清單**，則可以彈性選擇輸入範圍。

STEP**1** 請先在要輸入資料的工作表中，將清單建立妥當。這些清單內容，必須在同一欄或同一列，例如：G2:L2。

STEP**2** 選取欲輸入資料的儲存格範圍，例如：B 欄；執行 **資料 > 資料工具 > 資料驗證** 指令。

STEP3 出現 **資料驗證** 對話方塊並位於 **設定** 標籤，選擇 **儲存格內允許** 清單中的 **清單** 項目；按 ⬆ 鈕，設定 **來源** 資料的儲存格範圍，例如：G2:L2，完成後按【確定】鈕。

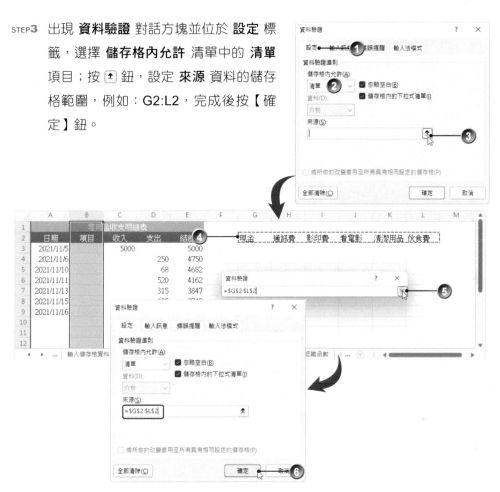

STEP4 在工作表中，選取要輸入資料的儲存格，例如：B3；此時，儲存格右側會出現 **下拉式清單** ⬇ 鈕，點選後即可在清單中選擇所要的內容，完成輸入。

🔸 説明

若要清除資料驗證清單的設定，請開啟 **資料驗證** 對話方塊後按【全部清除】鈕。

5-3 建立數值數列與文字序列

日常工作中有許多資料、文件或表格都是由 **數列** 或 **序列** 所構成，例如：日期序列、編號、標題…等。只要在 Excel 的儲存格中輸入起始資料後，就可以使用滑鼠拖曳的方式建立數列（序列），或是使用功能區群組中的指令並依據手指定方式填滿數列（序列）。

	A	B	C	D	E	F	G	H	I	J	K	L
1	星期日	星期一	星期二	星期三	星期四	星期五	星期六	星期日	星期一	星期二		
2												
3	第一季	第二季	第三季	第四季	第一季	第二季	第三季	第四季	第一季	第二季		
4												
5	甲	乙	丙	丁	戊	己	庚	辛	壬	癸		
6												
7	子	丑	寅	卯	辰	巳	午	未	申	酉		
8												
9	一月	二月	三月	四月	五月	六月	七月	八月	九月	十月		
10												
11	鼠	牛	虎	兔	龍	蛇	馬	羊	猴	雞		
12												
13	38251	38252	38253	38254	38255	38256	38257	38258	38259	38260		
14												
15	QTR1	QTR2	QTR3	QTR4	QTR1	QTR2	QTR3	QTR4	QTR1	QTR2		
16												
17	2	4	6	8	10	12	14	16	18	20		
18												
19	行政	財務	公關	資訊	業務	企劃	研發	生產				
20												
21	鼠	牛	虎	兔	龍	蛇	馬	羊	猴	雞	狗	豬
22												
23	第1名	第2名	第3名	第4名	第5名	第6名						
24												

… 輸入儲存格資料 自動完成輸入 資料驗證清單 序列 輸入公式 方程式 認識區 …

建立數列（序列）之前，請先檢視儲存格游標的右下角是否有顯示一「黑點」，稱之為 **填滿控制點**。如果沒有出現，請執行 **檔案 > 選項** 指令，在 **Excel 選項** 對話方塊中，選擇 **進階** 標籤，確認已勾選 ☑ **啟用填滿控點與儲存格拖放功能** 核取方塊。

5-3-1 建立一般數值數列

若在工作表中逐一輸入數值,以便建立數值數列,是一件非常累人的事!其實只要使用「填滿控制點」就能在 Excel 中輕鬆完成。

STEP**1** 在相鄰儲存格,分別輸入數列的前 2 個數值,然後選取這 2 個儲存格。

STEP**2** 將滑鼠游標移到所選範圍右下角的 **填滿控制點**,按住滑鼠左鍵拖曳。

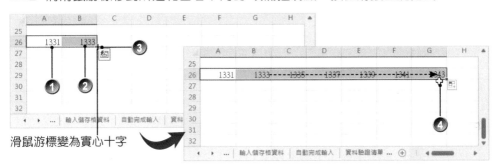

滑鼠游標變為實心十字

STEP**3** 鬆開滑鼠按鍵之後,Excel 會依循這 2 個儲存格的間距值,建立數值數列。同時會出現 **自動填滿選項** 智慧標籤,視需要可以在清單中選擇所要執行的方式。

填滿選項

預設會以數列方式填滿儲存格

5-3-2 建立文字序列

除了建立各式數值數列之外,編輯文件時經常會使用到文字序列,例如:行政、財務、公關、人事…等,透過 Excel 一樣可以快速產生。在 自動填滿 的功能中,Excel 會辨認文字序列的關鍵字,例如:星期的 Sun、Mon、Tue…等,或月份的 Jan、Feb、Mar…等。另外,如果所設定序列的前二個資料,內含可計算的數值,Excel 也會依循二個數值的間距,建立指定的序列。

建立文字序列的方法與一般數值數列完全一樣,唯一要留意的是,當文字序列具有循環特性時,Excel 會以循環方式產生此文字序列,例如:Quarter 1、

Quarter 2、Quarter 3、Quarter 4、Quarter 1、…等，或第一季、第二季、第三季、第四季、第一季、…等。

基於不同的國情、地理文化的需要，某些特殊的文字序列是經常會用到的，例如：12 生肖的鼠、牛、虎、…等，或春、夏、秋、冬，都可以在第一次使用時事先建立，之後就能使用「填滿」方式輸入到儲存格範圍。

STEP1 執行 **檔案 > 選項** 指令；出現 **Excel 選項** 對話方塊，選擇 **進階** 標籤，捲動到 **一般** 區段，按【編輯自訂清單】鈕。

STEP2 出現 **自訂清單** 對話方塊，在列示清單中點選 **新清單** 項目；在 **清單項目** 輸入方塊中，會顯示閃爍的插入點游標，請輸入文字序列，每一個項目佔一列（按 Enter 鍵換列），逐一輸入全部項目（也可以使用 **逗號 (,)** 區隔每個項目），完成後按【新增】鈕。

STEP3 此時，新增的自訂文字序列，會顯示在 **自訂清單** 中，按【確定】鈕。

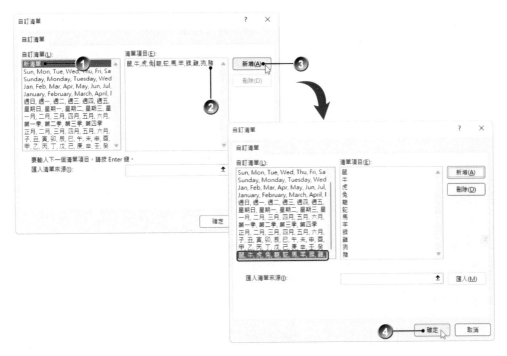

STEP4 回到 **Excel 選項** 對話方塊，按【確定】鈕。

STEP5 在工作表的任一儲存格中，輸入「鼠」；將滑鼠游標移到所選範圍右下角的
填滿控制點，按住滑鼠左鍵拖曳，即會建立自訂的文字序列。

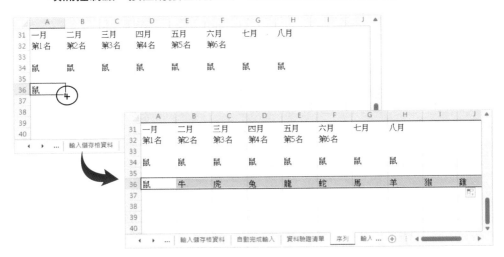

5-4 輸入公式與函數

Excel 提供一個能夠完整建立公式的環境，你可以應用 **加、減、乘、除** 到複雜的 **財務統計分析函數** 與 **科學運算**。事實上，視需要還可以針對多個 **儲存格範圍**，執行 **交集、聯集** 的處理。所有這些運算子執行的先後順序，都與我們日常所知所學的一樣。

5-4-1 輸入公式

所謂 **公式**，Excel 的定義是必須以 **等於**（＝）開頭，然後再輸入其他文字、數值、運算子、函數、參照位址或名稱…等。綜合各種運算元素之後，即可將工作表的相關資料帶入公式中計算，求得所要的結果。只要在儲存格輸入公式，Excel 即會自動運算，並將 **結果** 顯示在工作表的 **指定儲存格**，**公式** 則顯示在**資料編輯列** 上。

STEP**1** 開啟書附範例後，點選「輸入公式」工作表。

STEP**2** 練習在 H5 儲存格輸入公式：「=D5+E5+F5+G5」，輸入完成後按 Enter 鍵，即可在儲存格得到「8140」的運算結果，而在 **資料編輯列** 中可以看到原先輸入的公式。

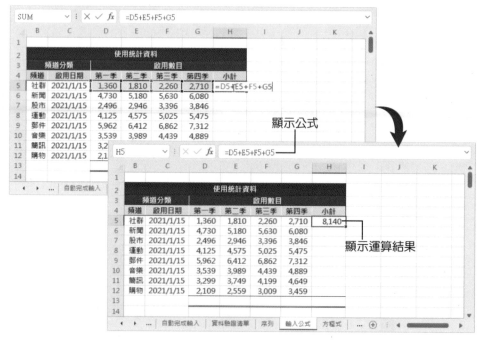

顯示公式

顯示運算結果

如果輸入的公式是錯誤的內容，按 ⏎ Enter 鍵後，此儲存格旁邊會出現一個 **智慧標籤**（例如：計算平均值時，**除數** 輸入「0」，則會有「除以零」的錯誤），此時，將滑鼠指向 **智慧標籤**，即會出現相關說明。

智慧標籤

5-4-2 輸入函數

Excel 中已經內建了數百個 **函數**，這些函數包含：**函數名稱** 與必須輸入的 **引數**。**引數** 是指所有指定給函數以便執行運算的資料（包括：文字、數字、邏輯值）；而經函數執行後傳回的資料，則稱為函數的 **解**。在工作表中建立函數的方法有下列二種：

● 直接在 **儲存格** 或 **資料編輯列** 輸入函數。

● 使用 **插入函數** 指令，或按 **資料編輯列** 左側的 **插入函數** f_x 鈕，建立函數。

函數名稱 ── =PMT(0.075,60,A1) ── 引數
函數名稱 ── =SUM(B2:D25) ── 引數

如果你曾經向銀行貸款，或正準備要貸款，這時急需知道的是：每個月需要償還銀行的貸款金額是多少？Excel 為你預備一個可以計算借貸還款的函數─ **PMT**，使用此函數時，必須先確認下列幾個引數，才能計算出正確結果。

PMT(rate,nper,pv,[fv],[type])

● rate：各期的利率

● nper：貸款的付款總期數

● pv：借貸的總金額

● fv：最後一期付款後的餘額（一般為 0）

首先，定義貸款金額與相關的條件，由於是要計算每個月的償還金額，而其中利息是年利率，貸款期限為 20 年，因此換算後月利率為 0.583%、期數為 240 期。接著，就是要將 **PMT** 函數與其相關的引數逐一輸入到指定的儲存格中，例如：「=PMT(B6,C6,D6,0)」，按 Enter 鍵即可得到計算的結果。

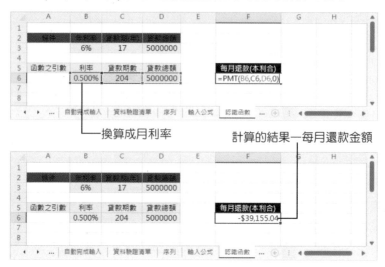

5-4-3 自動計算工具

人生在世使用最多的算術，莫過於是加、減法這類的運算。在電子試算表中，當然也不例外，雖然這項工作，可以用 **公式** 或 **函數** 來處理，但總要按好幾次滑鼠，有沒有更快一點的方法呢？

嗯！好建議，Excel 已為你預備了 **自動計算** 工具，它可以自動設定使用者所選取儲存格範圍的參照位址，同時執行 **加總**、**平均值**、**最大值**、**最小值**、**計數**⋯等運算。

STEP**1** 選擇欲執行加總運算之儲存格範圍（例如：**C4:G12**），在此我們多選擇了一個空白欄及一空白列，目的是用來存放加總後的數值。

STEP**2** 點選 **公式 > 函數庫 > 自動加總** 或 **常用 > 編輯 > 自動加總** 指令，即可看到加總後的結果顯示在空白欄和空白列中。

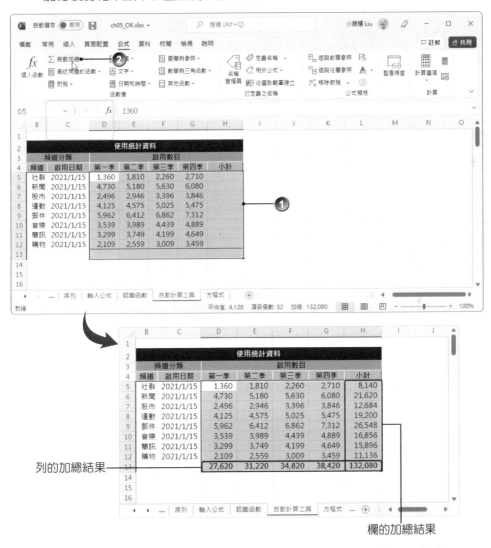

列的加總結果

欄的加總結果

STEP**3** 如果想找出 **最大值**，請點選 **公式 > 函數庫 > 自動加總 > 最大值** 指令。

計算的結果為最大值

説明

● 可以先選取欲計算的儲存格範圍，在 狀態列 中即可得到 平均值、項目個數、
加總…等數值。

● 在 **狀態列** 上按一下滑鼠右鍵，還可以選擇是否顯示 **最大值、最小值**。

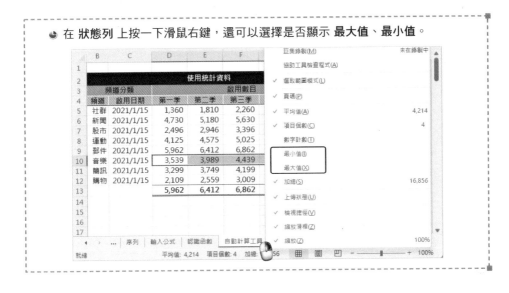

5-4-4 使用快速分析功能計算總計

你也可以透過 **快速分析** 📊 智慧標籤，透過其中的 **總計** 標籤，可以快速計算所選取儲存格範圍資料的數值，包含：**欄加總、欄平均、欄計數、欄總計 %、欄計算加總、列加總、列平均、列計數、列總計 %、列計算加總**。

STEP**1** 先選取欲計算的儲存格範圍。

STEP**2** 按一下範圍內右下角的 **快速分析** 📊 鈕，預設是顯示 **格式設定** 的相關選項。

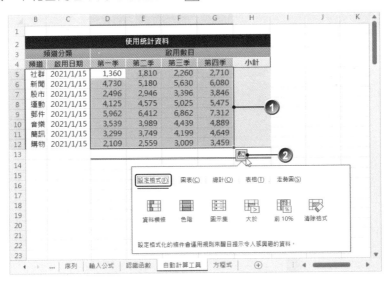

請選擇清單中的 **總計** 標籤，即能視需要快速計算 **欄加總、欄平均、列加總、列平均**…等數值。

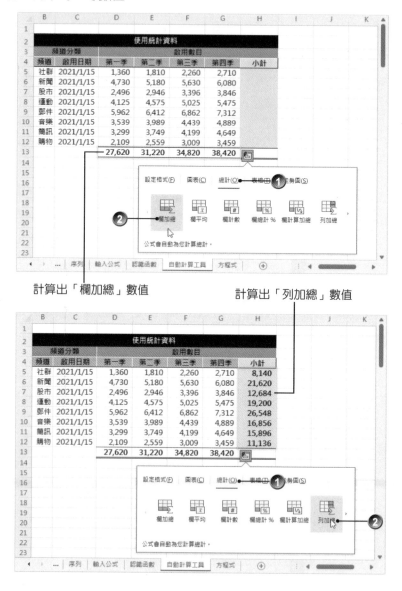

計算出「欄加總」數值

計算出「列加總」數值

Chapter

6

編輯Excel電子試算表

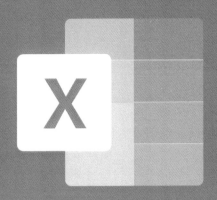

在工作表輸入相關的文字、數字、公式或函數之後，接著，就可以開始編修工作表的內容，或進行格式化工作表的作業；最後再將編輯完成的試算表列印出來。

6-1 搬移、複製與插入儲存格

工作表中所謂的 **搬移** 儲存格，其意義是將某單一儲存格中的內容移到另外一個儲存格，或者搬移某儲存格範圍的內容。搬移儲存格資料，可以透過 **剪下**、**貼上** 指令執行，搬移作業可以在同一份工作表進行，還可以應用在不同的活頁簿檔案，或不同的應用程式 (例如：Word、PowerPoint…等)。

6-1-1 使用功能區指令來搬移儲存格

這一小節的範例，所要搬移的是儲存格範圍，於搬移的目的地只需要選取左上角的第一個儲存格即可，無須選取整個儲存格範圍。執行過程中，如果出錯，可以點選 **常用 > 復原 > 復原** 鈕，取消先前的工作。

STEP**1** 選取要搬移的儲存格或儲存格範圍，例如：C2:E5。

STEP**2** 執行 **常用 > 剪貼簿 > 剪下** 指令，此時，所要搬移的儲存格邊框會顯示「閃爍虛線」。

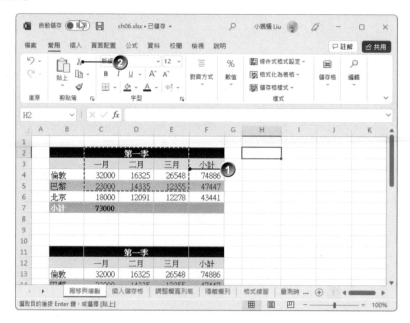

STEP**3** 點選要貼上資料的儲存格範圍之左上角儲存格,例如:H2;執行 **常用 > 剪貼簿 > 貼上** 指令,完成工作。

6-1-2 使用功能區指令來複製儲存格

工作表中的 **複製** 作業,同樣可以使用滑鼠拖曳的方式或功能區指令來操作。編輯過程若遇到相同的資料內容,使用 **複製** 指令,即能快速完成輸入工作,不須重新輸入資料。這一小節的範例,C16 儲存格的公式為「=SUM(C13:C15)」,若要將此公式複製到 F16 儲存格,做法說明如下。

STEP**1** 選取 C16 儲存格,執行 **常用 > 剪貼簿 > 複製** 指令;此時,C16 儲存格的邊框會顯示「閃爍虛線」。

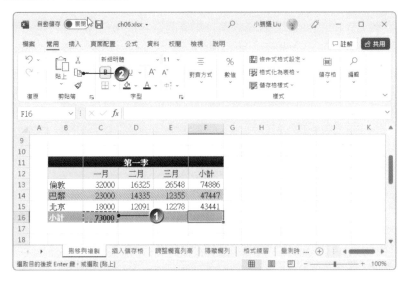

STEP**2** 點選要貼上資料的儲存格，例如：**F16**，執行 **常用 > 剪貼簿 > 貼上** 指令，
完成複製工作。

F16 儲存格中的公式為「=SUM(F13:F15)」

完成複製工作後，原儲存格邊框的「閃爍虛線」不會消失，表示 **剪貼簿** 中
仍保留著所複製的來源資料。你可以繼續在其他儲存格、工作表、活頁簿、應用
程式檔案中，執行 **貼上** 指令。

參考上面的操作步驟，也可以執行一對多儲存格或非連續範圍的 **複製**、**貼
上** 動作；當然，儲存格範圍對範圍的複製作業，同樣可以採用此方法。另外，
執行 **複製** 與 **貼上** 指令後，貼上資料的儲存格旁邊會出現 **貼上選項** 智慧
標籤，視需要可以點選其中的指令，執行 **貼上** 指令的相關工作。如果想要消除
儲存格邊框的「閃爍虛線」，請按 Esc 鍵。

貼上選項智慧標籤

Excel 2010 版本之後，已將 **貼上選項** 智慧標籤進化為圖形介面，其中各個指令按鈕的功能說明如下：

● **貼上** 🗐：貼上複製的儲存格所有內容和格式設定。

● **公式** 🗐：只貼上在資料編輯列中輸入的公式。

● **公式與數字設定** 🗐：只貼上來源儲存格的公式和數字格式設定選項。

● **保留來源格式設定** 🗐：保持使用來源的儲存格格式設定。

● **無框線** 🗐：可以設定儲存格為無框線。

● **保持來源欄寬** 🗐：保持與來源儲存格同樣的欄寬。

● **轉置** 🗐：將複製的資料欄變成列，或是將列變成欄。

● **值** 🗐：只貼上來源儲存格內容的值。

● **值與數字格式** 🗐：只貼上來源儲存格的值與數字格式設定選項。

● **值與來源格式設定** 🗐：貼上來源儲存格的值及儲存格格設式設定。

● **設定格式** 🗐：只貼上來源儲存格的格式設定。

● **貼上連結** 🗐：連結來源儲存格以建立儲存格參照。

● **圖片** 🗐：將貼上資料轉換成圖片格式。

● **連結的圖片** 🗐：將貼上資料轉換成連結參照的圖片格式。

6-1-3 選擇性貼上

複製 資料並將原儲存格的內容 **貼上** 至目的儲存格時，會取代目的儲存格中的資料及格式。如此一來，某些複製動作將造成編輯上的不便，例如：只要複製某一公式的計算結果，卻不需要其公式；或者，只須複製儲存格的內容，卻不需要其格式…等。因此，執行 **貼上** 動作時，就需要考慮使用 **選擇性貼上** 指令。

貼上公式

我們以一個內含公式的儲存格為例，說明複製儲存格公式的方法。

STEP**1** 選取複製的儲存格或儲存格範圍，執行 **常用 > 剪貼簿 > 複製** 指令。

STEP**2** 選擇要貼上資料的儲存格，執行 **常用 > 剪貼簿 > 貼上 > 選擇性貼上** 指令。

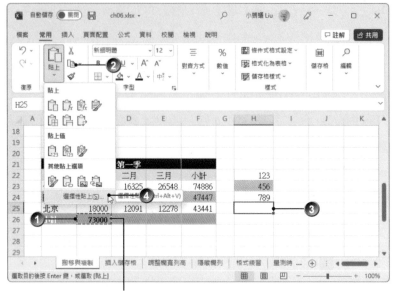

此儲存格除了設定公式之外，還含有儲存格格式

STEP**3** 出現 **選擇性貼上** 對話方塊，點選 貼
上區段中的 ⊙ **公式** 選項，按【確
定】鈕，完成複製「公式」的工作。

STEP**4** 視需要點選 **貼上選項** 📋(Ctrl)▼ 智慧標
籤，可以透過指令清單進一步處理該
儲存格的格式。

公式內容

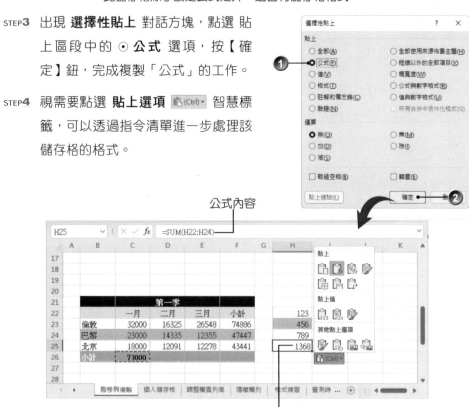

只有複製公式內容並顯示運算結果，並未含任何格式

貼上數值並計算

在 **選擇性貼上** 對話方塊的 **貼上** 區段中，有許多項目可以協助使用者進行相關編輯工作，例如：點選 ⊙ **欄寬度** 選項，僅用於貼上原儲存格的欄寬；點選 ⊙ **格式** 選項，則僅會將原儲存格的格式，貼到目的儲存格中。其中的 **運算** 區段，主要是用來執行複製儲存格數值，與被貼上儲存格數值之間的相關運算。

STEP**1** 選取 D33:D35 儲存格範圍，執行 **常用 > 剪貼簿 > 複製** 指令。

STEP**2** 點選要貼上資料的儲存格，執行 **常用 > 剪貼簿 > 貼上 > 選擇性貼上** 指令。

STEP**3** 出現 **選擇性貼上** 對話方塊，點選 運算 區段中的 ⊙ **加** 選項，按【確定】鈕，完成複製的工作。

在 H33:H35 儲存格中，其數值分別加上了 C33:C35 的數值

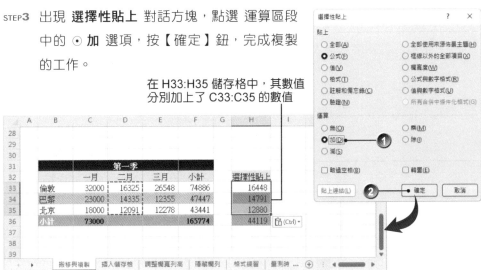

欄列對調

如果希望 **複製** 範圍資料至目的儲存格，並在執行 **貼上** 動作時，將欄、列對應位置對調，請在 **選擇性貼上** 對話方塊中，勾選 ☑ **轉置** 核取方塊。

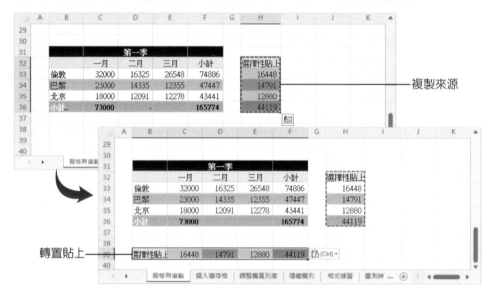

複製來源

轉置貼上

6-1-4 插入空白儲存格

當完成某些範圍的輸入工作後，經常會出現需要在二個儲存格之間加入一些儲存格的情形，此時，可以使用 **插入** 指令處理這項工作。這一小節將說明如何插入空白的儲存格。

STEP**1** 選取要插入新儲存格的單一儲存格位址或儲存格範圍。

STEP**2** 執行 **常用 > 儲存格 > 插入 > 插入儲存格** 指令。

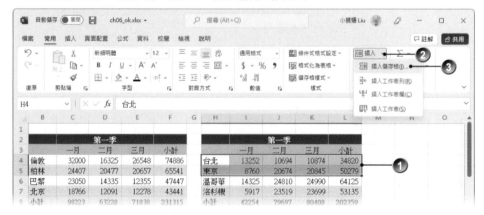

STEP**3** 出現 **插入** 對話方塊，點選 ⊙ **現有儲存格下移** 選項，
按【確定】鈕。

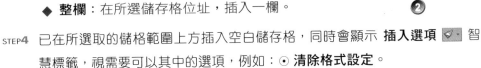

◆ **現有儲存格右移**：插入位置的儲存格向右移。

◆ **現有儲存格下移**：插入位置的儲存格向下移。

◆ **整列**：在所選儲存格位址，插入一列。

◆ **整欄**：在所選儲存格位址，插入一欄。

STEP**4** 已在所選取的儲格範圍上方插入空白儲存格，同時會顯示 **插入選項** 智慧標籤，視需要可以其中的選項，例如：⊙ **清除格式設定**。

插入的儲存格套用了上方的儲存格格式

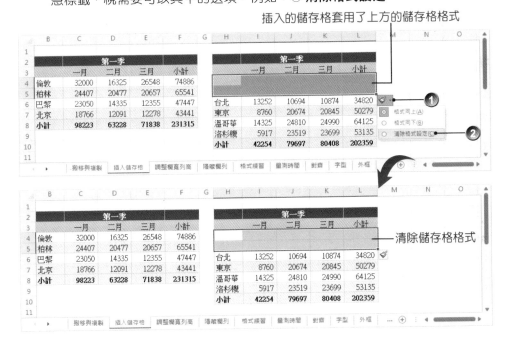

清除儲存格格式

6-1-5 插入空白列或欄

編輯工作表的過程中，如果需要插入 **整列** 或 **整欄**，也可以透過 **插入** 指令來處理，甚至於可以同時插入好幾列或好幾欄。

STEP**1** 選取要插入整列的位置，執行 **常用 > 儲存格 > 插入 > 插入工作表列** 指令。

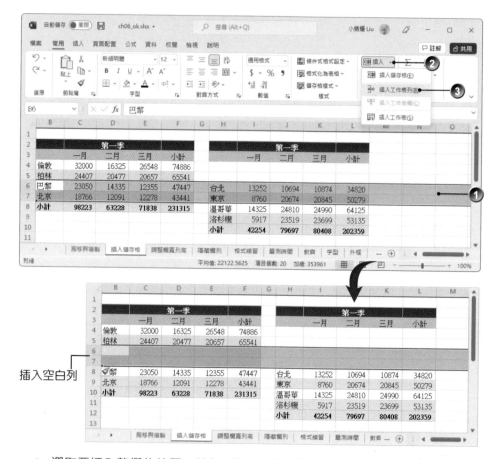

插入空白列

STEP**2** 選取要插入整欄的位置,執行 **常用 > 儲存格 > 插入 > 插入工作表欄** 指令。

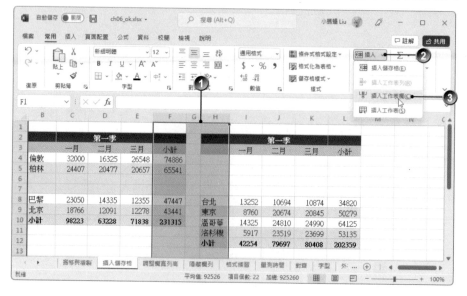

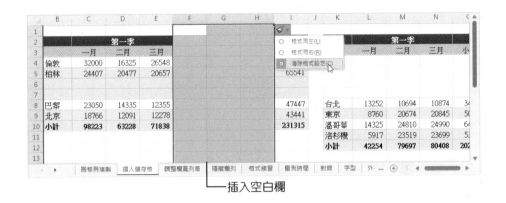

─── 插入空白欄

6-2 調整欄寬與列高

輸入資料之後,如果儲存格內容顯示「######」的符號,表示這個儲存格的欄寬不夠,這時就得適度調整欄寬,以顯示所有資料。有時為了能在螢幕上顯示最佳狀態,也必須適當地調整列高;而為了暫時不顯示某些欄、列的資料,也可以執行 隱藏欄列 指令,將其隱藏於幕後。

6-2-1 設定與調整欄寬

Excel 工作表的 **標準欄寬** 是 8.38 單位（72 像素）,也是 Excel 的預設值,最大值為 255 單位（2,045 像素）。欄寬的設定是針對工作表的「整欄」調整,所以不能只調整同一欄中的單一儲存格之欄寬。

STEP**1** 選取要調整的欄位,執行 **常用 > 儲存格 > 格式 > 欄寬** 指令。

STEP**2** 出現 **欄寬** 對話方塊,輸入 **欄寬** 值,按【確定】鈕完成欄寬調整。

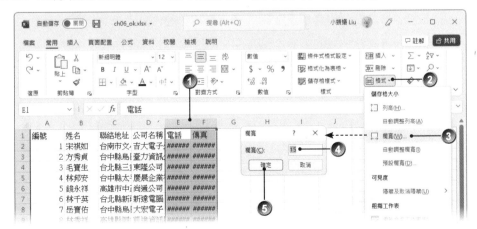

欄寬已變更

直接將滑鼠游標指到欄名之間的分界線，按住滑鼠左鍵拖曳此分界線，也可以調整欄寬。

按住滑鼠左鍵拖曳分界線

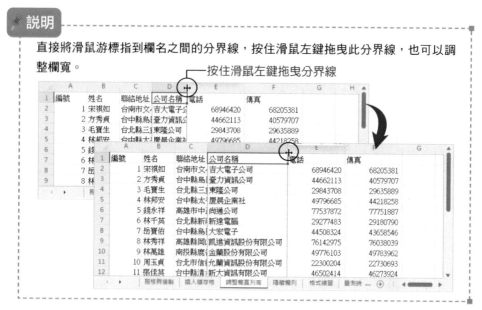

　　如果要將欄寬調整成「最適寬度」，請選取想調整欄寬的整欄，再執行 **常用 > 儲存格 > 格式 > 自動調整欄寬** 指令；或是將滑鼠指到欄名之間的分界線，快按二下滑鼠左鍵也會調整為最適欄寬。請注意！執行此動作時，儲存格內必須要有資料，如此才能依據資料量的多寡，調整成「最適欄寬」。

快按二下即調整為最適欄寬

6-2-2 設定與調整列高

Excel 工作表的 **標準列高**（預設值）是 16.5 單位（22 像素），最大值為 409 單位（546 像素）。同樣的，在同一列中無法只調整單一儲存格的列高。

STEP**1** 請選取要調整列高的整列，執行 **常用 > 儲存格 > 格式 > 列高** 指令。

STEP**2** 出現 **設定列高** 對話方塊，輸入 **列高** 值，按【確定】鈕完成列高調整。

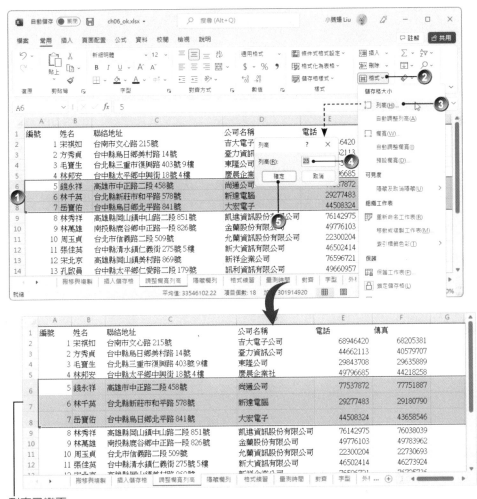

列高已變更

> **說明**
>
> 直接將滑鼠游標指到列號分界線，拖曳此分界線，也可以調整列高；如果要 **自動調整列高**，請快按二下滑鼠左鍵，列高即會自動調整成「最適列高」。

6-2-3 隱藏 / 取消隱藏欄與列

針對工作表中的某一些欄（列），如果暫時不要顯示或列印時，可以將其隱藏；等到要編輯或檢視時，再取消隱藏。此功能執行的對象，當然是所選取的「整欄」或「整列」囉！

STEP 1 選取想要隱藏的欄位，執行 **常用 > 儲存格 > 格式 > 隱藏及取消隱藏 > 隱藏欄** 指令。

└─ C 和 D 欄已隱藏

STEP 2 若要取消隱藏，請同時選擇已隱藏欄之左、右欄位，此範例為 B:E。

STEP 3 執行 **常用 > 儲存格 > 格式 > 隱藏及取消隱藏 > 取消隱藏欄** 指令，即可顯示 C:D 欄位。

C 和 D 欄出現了

隱藏列的操作方法與隱藏欄完全一樣，僅是所選取的指令改為列，請讀者自行練習！

6-3 調整活頁簿中的工作表

Excel 電子試算表就是由一頁頁的工作表所組成的活頁簿，這個觀念與我們日常生活中所用的活頁簿完全一樣。因此，在處理 Excel 中的工作表時，可以將平常的習慣融入進來，**搬移**（調整工作表的前後順序）、**複製**（影印）、**刪除**（撕掉）、**新增**（加一頁）…等工作皆可以在 Excel 輕鬆完成。

6-3-1 搬移或複製工作表

搬移 或 **複製** 工作表，可以使用滑鼠拖曳方式或執行相對應指令操作。

搬移

使用滑鼠搬移工作表，就如同搬移儲存格一樣，只要先點選要搬移的 **工作表** 標籤，按住後拖曳到新的位置之後，鬆開滑鼠按鍵即可。

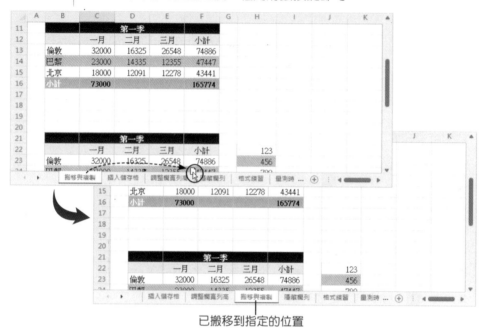

已搬移到指定的位置

複製

如果要使用滑鼠複製工作表，只要先按住 Ctrl 鍵再拖曳即可。但是建議你以指令來處理，如此可以更靈活的處理相關工作。

STEP**1** 點選要複製的工作表，按一下滑鼠右鍵，執行 **移動或複製** 指令。

STEP **2** 出現 **移動或複製** 對話方塊，選擇要複製到
新位置的工作表；勾選 ☑ **建立複本** 核取方
塊，按【確定】鈕，完成複製工作表。

可以選擇其他已開啟的活頁簿

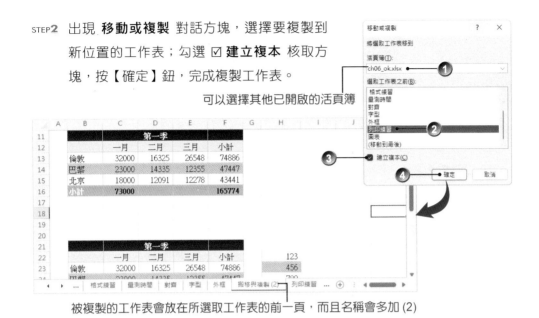

被複製的工作表會放在所選取工作表的前一頁，而且名稱會多加 (2)

6-3-2 變更工作表名稱

預設的工作表名稱為「工作表 1」、「工作表 2」、⋯、「工作表 N」，若要以更
具體的名稱呈現工作表的內容，可以自己決定然後變更。重新設定的工作表名稱，
可以使用中文或英文表示。

STEP **1** 選取要變更名稱的工作表，按一下滑鼠右鍵，點選 **重新命名** 指令。

STEP **2** 工作表索引標籤的名稱會反白顯示，直接輸入所要變更的新工作表名稱，按
Enter 鍵。

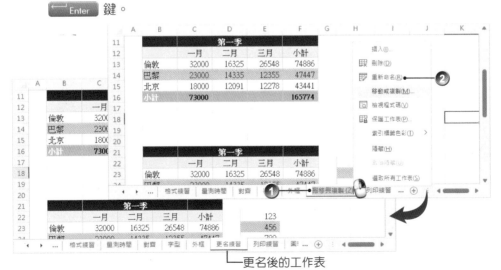

更名後的工作表

6-3-3 為工作表標籤上色

活頁簿中每一張工作表的索引標籤都可以設定顏色（預設是 **無色彩**），如此可以突出顯示重要的工作表。

STEP**1** 點選要設定顏色的工作表索引標籤，按一下滑鼠右鍵，執行 **索引標籤色彩** 指令。

STEP**2** 在 **佈景主題色彩** 或 **標準色彩** 區段中，選擇所要使用的顏色。

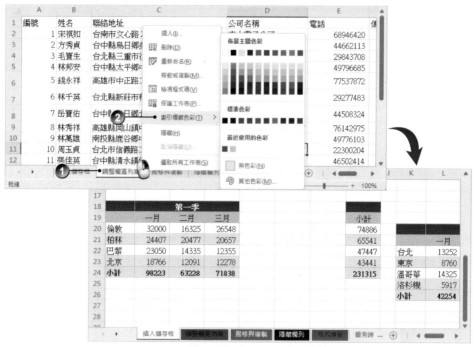

已變更指定工作表索引標籤的色彩

6-4 設定數值格式

在工作表的某些儲存格中輸入一些數值之後，Excel 會儘可能的以最適當格式顯示在螢幕上。但這些格式可能無法滿足使用者的需求，因此，必須知道如何修改預設的格式。

6-4-1 一般數值格式

Excel 最重要的特色就是計算功能。因此，「數字」最常出現在工作表中；阿拉伯數字即是我們所稱的一般數值，它包含了小數的應用。當你發現 Excel 所

預先設定的數字格式，不適合用於目前的工作表，可以使用 Excel 已經準備好的範例格式重新設定。這些預設的數字格式包含：**數值**、**貨幣**、**會計專用**…等 10 餘種類別。

STEP**1** 開啟範例之後，選取要格式化的儲存格或範圍；直接在 **常用 > 數值 > 數值格式** 清單中，選擇一個範例格式。

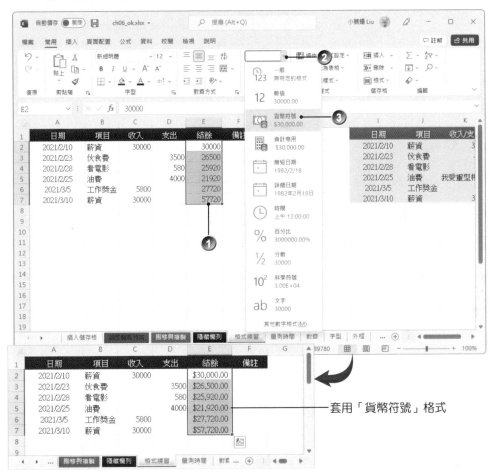

套用「貨幣符號」格式

STEP**2** 如果想要設定進階的範例格式，可以執行清單中的 **其他數值格式** 指令；或點選 **常用 > 數值** 功能區群組中的 **對話方塊啟動器** 鈕。

STEP**3** 出現 **設定儲存格格式** 對話方塊，選擇 **數值** 標籤，**類別** 選擇 **貨幣**；指定要顯示的 **小數位數**、**符號** 與 **負數** 表示方式，按【確定】鈕。

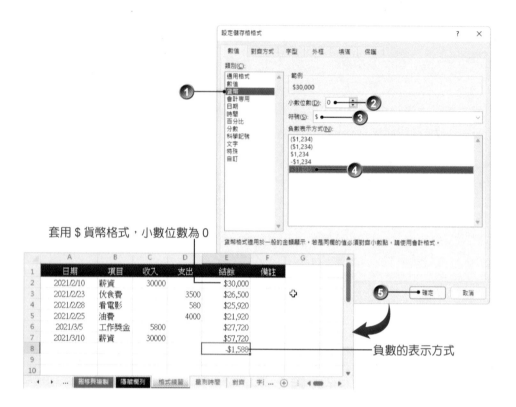

套用 $ 貨幣格式，小數位數為 0

負數的表示方式

6-4-2 日期 / 時間格式

　　在某些特定的計算中，需要將日期當成引數，例如：計算利息、工程進度…等，先決條件是這些「日期 / 時間」必須是 Excel 能辨識的格式，例如：輸入「2022/12/25」會顯示為「44920」；輸入「2022/12/25 10:10」則會顯示為「44920.42361」。

　　針對「日期 / 時間」所顯示的數字（例如：39076.4569），其日期是以1900 年 1 月 1 日星期日為起始日，數值設定為 1；時間以午夜零時（00:00:00）為起始時間，數值設定為 0.0，範圍是 24 小時。當你將「日期 / 時間」輸入到儲存格之後，請依循下列步驟執行日期格式的設定。

預設的西曆格式

STEP1 　選取要格式化的儲存格或範圍，點選 **常用 > 數值** 功能區群組中的 **對話方塊啟動器** 鈕。

STEP2 出現 **設定儲存格格式** 對話方塊，選擇 **數值** 標籤，設定 **類別** 為 **日期**，並視需要設定 **地區設定** 與 **行事曆類型**；點選所要顯示的日期 **類型**，按【確定】鈕。

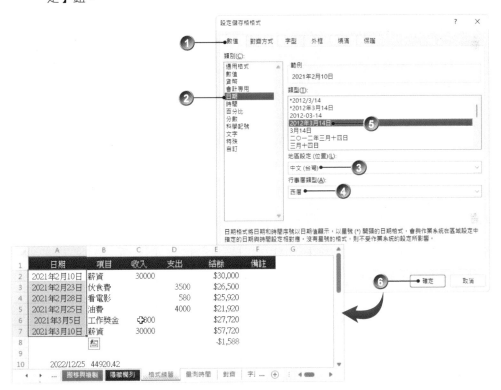

🖉 **說明**

如果想還原為以序列數值方式顯示「日期 / 時間」，只要在 **設定儲存格格式** 對話方塊中，將 **類別** 改為 **通用格式** 即可。

計算某一段期間的總日數

前面曾說到 Excel 具有計算日數的功能，例如：要計算某一段期間的利息，必須知道此期間的總日數。在 Excel 工作表中，只要直接輸入「日期 / 時間」即能進行加減運算。請注意，**日期格式** 不能顯示為 **負值**！

STEP1　分別於 C3、C4 儲存格輸入「2021/12/25」及「2017/09/28」。

STEP2　複製 C3、C4 儲存格內容，將其貼上至 D3、D4 儲存格；並將 **儲存格格式** 設定為 **數值** 的 **通用格式**。

STEP3　於 D5 輸入公式「=D3-D4」，按 Enter 鍵，其結果顯示為 1549；再將 D5 的計算結果複製後貼上至 C5，並將格式設定為「日期 / 時間」。

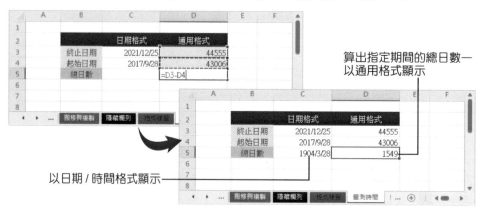

算出指定期間的總日數─以通用格式顯示

以日期 / 時間格式顯示─

計算某一日期 100 天後是哪一日

如果想知道「2022/12/25」之後 100 天的日期為何？應該如何操作呢？

STEP1　選擇任一儲存格，例如：H3；在其中輸入公式「="2022/12/25"+100」，按 Enter 鍵。

STEP**2** 預設會以 **通用格式** 顯示結果為 45020。

STEP**3** 複製 H3 儲存格內容，將其貼上至 H4 儲存格，並將 **儲存格格式** 設定為 **數值** 的 **日期**，即會得到 100 天後的日期為「2023/4/4」。

6-5 文字和數字的對齊與旋轉

在工作表中如果沒有特別設定格式，**文字資料** 會自動 **靠左對齊**，而 **數值資料** 自動 **靠右對齊**。為了讓工作表更容易閱讀，可以視需要分別設定 **置中**、**靠左**、**靠右** 或 **跨欄置中**…等對齊方式。

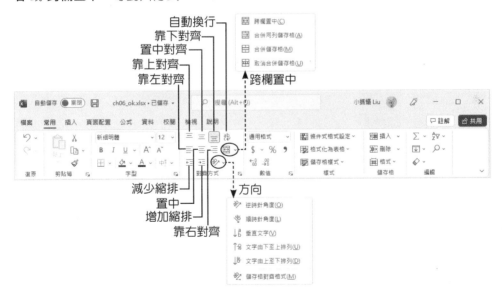

6-5-1 設定對齊方式

如果只想簡單的設定 **對齊** 格式，請直接使用 **對齊方式** 功能區中的各項指令；若要同時設定多項條件，則可以使用 **對齊方式** 對話方塊中的各個選項，進行相關設定。

STEP**1** 選取要格式化的儲存格或儲存格範圍，例如：C5:M5，點選 **常用 > 對齊方式 > 置中** 指令，儲存格中的資料即會置中對齊。

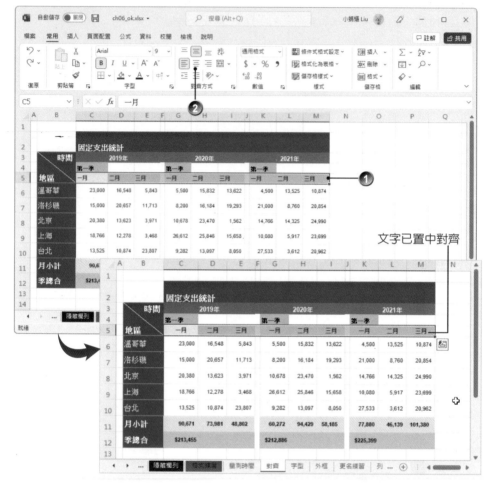

文字已置中對齊

STEP**2** 除了使用功能區群組中的指令執行對齊工作之外，也可以透過傳統的對話方塊做設定。選取要格式化的儲存格或儲存格範圍，點選 **常用 > 對齊方式** 功能區群組中的 **對話方塊啟動器** 鈕。

STEP**3** 出現 **設定儲存格格式** 對話方塊並選擇 **對齊方式** 標籤，**水平** 清單選擇 **置中對齊** 項目、**垂直** 清單選擇 **置中對齊** 項目，按【確定】鈕。

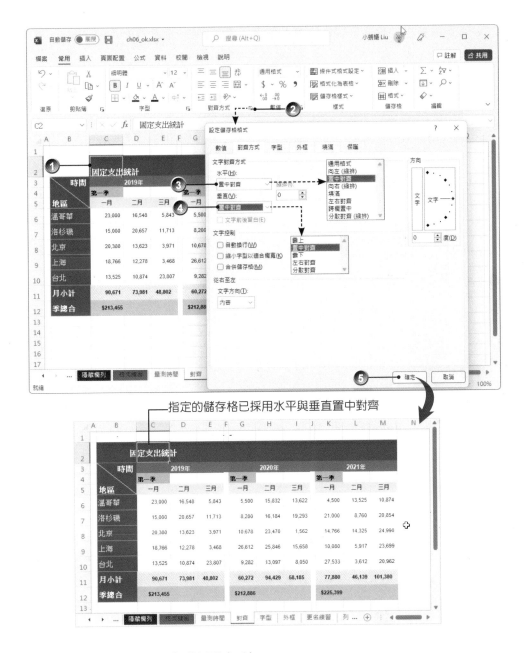

指定的儲存格已採用水平與垂直置中對齊

6-5-2 跨欄置中─合併儲存格

　　編輯儲存格內容時，常常需要將幾個相鄰的儲存格合併在一起，形成一個特別大的儲存格，這部分可以透過 **跨欄置中** 功能輕鬆處理。

STEP**1** 各別選取表格中想要合併的儲存格範圍，例如：C4:E4、G4:I4、K4:M4。
可以選取直欄、橫列或是一塊儲存格範圍。

STEP**2** 執行 **常用 > 對齊方式 > 跨欄置中** 指令。

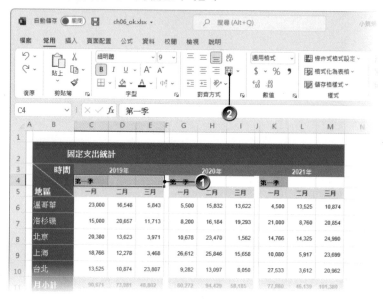

STEP**3** 選取想要合併的儲存格範圍，例如：G6:I10；接著，執行 **常用 > 對齊 >
跨欄置中 > 合併同列儲存格** 指令，則會分別逐列合併。

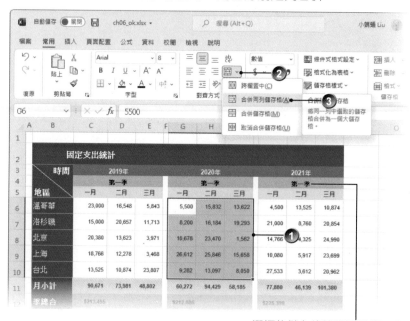

選擇的儲存格範圍已跨欄置中

STEP**4** 若被選取的儲存格都含有資料，會顯示如下圖所示的訊息（視合併的列數而出現多次），連續按【確定】鈕後，即會將儲存格合併；合併後只會保留左上角儲存格的內容。

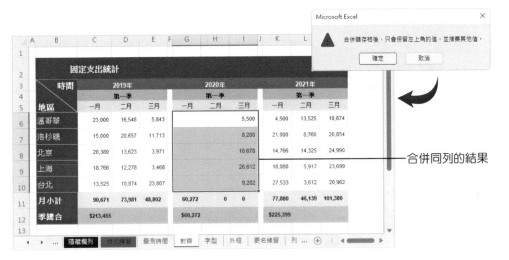

合併同列的結果

6-5-3 調整儲存格內的文字呈現方式

編輯工作表時，若需要在其中加上附註欄位，要如何將這些文字排列妥當呢？另外，如果你平常就習慣使用 Excel，也會利用 Excel 處理短句或小品，而不假手文書處理軟體，那麼也該學會如何處理文字編排。

自動換行

當一個儲存格的資料內容超過所設定的欄寬時，可以要求 **自動換行** 顯示（列高會隨之改變）。

STEP**1** 選取要設定 **自動換行** 的儲存格或範圍。

STEP**2** 執行 **常用 > 對齊方式 > 自動換行** 指令。

> **說明**
>
> ● 如果已事先調整過列高，則設定 **自動換行** 之後，列高不會自動調整。
>
> ● 如果放在同一儲存格內的是長篇型的資料或條列式的內容，而且還要上下對齊，則必須執行 **強迫換行** 才能達到對齊效果。其方法是在需要換行的位置，同時按 Alt +  鍵。

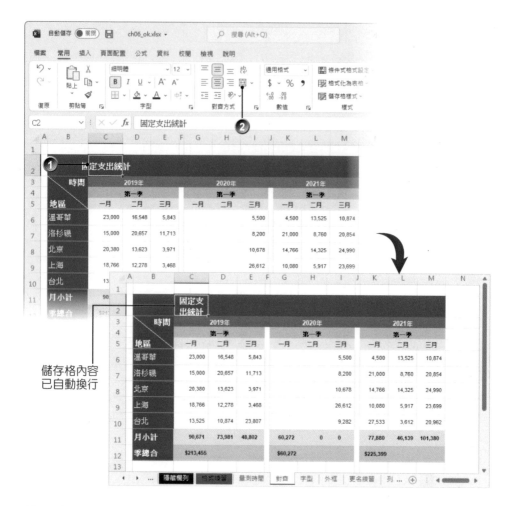

儲存格內容
已自動換行

縮小字型以適合欄寬

　　如果不願意使用 **自動換行** 的功能，又想要將所有文字擠進同一儲存格中，可以在 **設定儲存格格式** 對話方塊中，勾選 ☑ **縮小字型以適合欄寬** 核取方塊。

STEP**1**　選取欲設定縮小字型以適合欄寬的儲存格或範圍，點選 **常用 > 對齊方式** 功能區群組中的 **對話方塊啟動器** 鈕。

STEP**2**　出現 **設定儲存格格式** 對話方塊，選擇 **對齊方式** 標籤，勾選 ☑ **縮小字型以適合欄寬** 核取方塊，按【確定】鈕，完成格式設定。

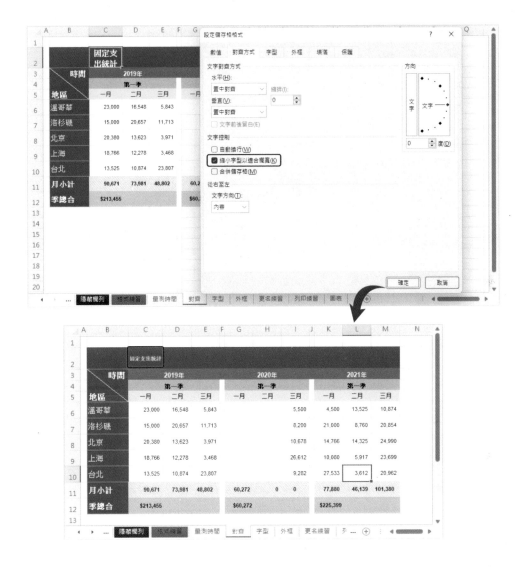

6-5-4 轉換文字、數字方向

針對某些表格中的文字，可能需要直排或旋轉方向。

STEP1 選取想要設定文數字旋轉格式的儲存格或範圍，執行 **常用 > 對齊方式 > 方向 > 垂直文字** 指令。

STEP2 選取要改變文數字旋轉格式的儲存格或範圍，點選 **常用 > 對齊方向 > 逆時針角度** 指令，即可旋轉文字。

文字已調整為垂直顯示　　　　　　　逆時針角度旋轉的結果

6-6　儲存格格式

儲存格的字型格式設定化可以透過設定字體、大小、色彩、特殊效果…等屬性，適度突顯某些資料。一個活頁簿可使用的字型多達 256 種，包含印表機字型、TrueType 字型、OpenType 字型，中文字型於市面上常見的有華康、文鼎…等皆可應用在工作表中，而字型的大小則是以 **點** 為計算單位。

6-6-1 設定字體、大小與色彩

字型的字體變化有 **粗體、斜體、加底線、刪除線**…等，色彩可以透過 **色盤** 選擇。透過 **字型** 功能區群組內的相關指令可以執行字型的相關設定，一般情況下是針對所選取的整個儲存格，進行文字字型設定；視需要也可以針對選取的單一字元設定字型格式。

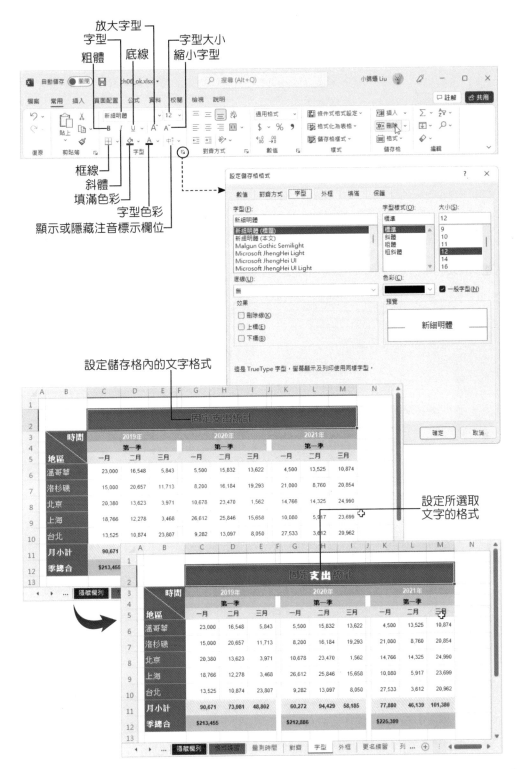

放大字型
字型
粗體　　　　底線
字型大小
縮小字型

框線
斜體
填滿色彩
字型色彩
顯示或隱藏注音標示欄位

設定儲存格內的文字格式

設定所選取
文字的格式

6-6-2 套用預設的儲存格樣式

Excel 內建了一些精緻美觀的樣式，讓你可以輕鬆又迅速地應用於工作表上。其中特別的地方是，如果欲套用的儲存格範圍包含 **加總計算**，則其對應的儲存格範圍更能顯示其套用後的效果。

STEP**1** 選取欲自動套用樣式的儲存格範圍。

STEP**2** 點選 **常用 > 樣式 > 儲存格樣式** 指令，再於清單中選擇要套用的內建樣式。

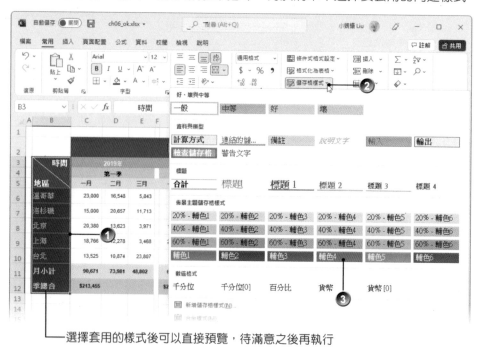

選擇套用的樣式後可以直接預覽，待滿意之後再執行

6-7　外框與填滿格式

適當與靈活的使用 **外框** 與 **填滿** 二種格式，可以讓工作表的外觀，展現出條理分明的效果。使用者可以透過功能區指令或 **設定儲存格格式** 對話方塊二種方式，進行設定。

6-7-1 外框格式

外框線的效果可以明確區分工作表上的每一個區域，框線有許多種類，而且還可以加上顏色。**常用 > 字型 > 框線** 功能區群組指令中，已經預設如下圖所示的各種外框格式，可以選取要設定的範圍之後直接執行。

STEP**1** 選取欲設定外框線的儲存格或範圍，執行 **常用 > 字型 > 其他框線** 指令。

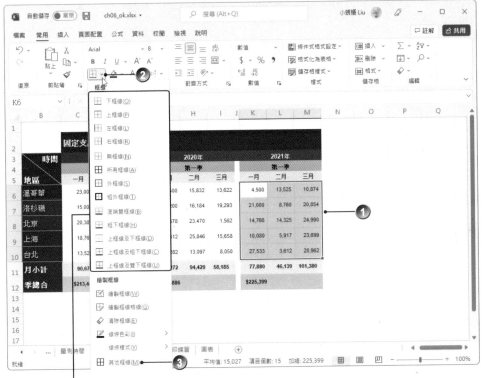

可供設定的各種框線指令參考格線

STEP**2** 出現 **儲存格格式** 對話方塊，選擇 **外框** 標籤，設定 **線條色彩、線條樣式**；
選擇 **外框格式** 後點選要顯示框線的位置，按【確定】鈕。

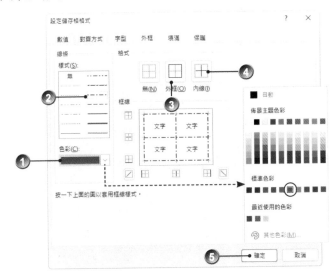

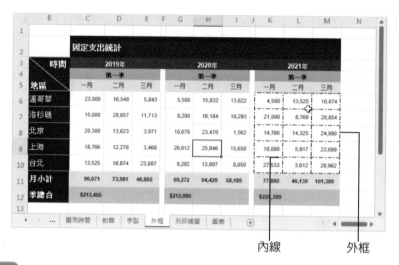

內線　外框

6-7-2 填滿圖樣與色彩

Excel 提供 18 種填滿 **圖樣樣式**，此小節的說明是以 **圖樣彩色** 為範例，可以視喜好與需求配色，設定時還能事先預覽設定後的結果。提醒你，儲存格填色與圖樣的設定是為增加內容的易讀性，千萬不要喧賓奪主而適得其反哦！

STEP**1** 選擇欲設定圖樣的儲存格或範圍，執行 **常用 > 儲存格 > 格式 > 儲存格格式** 指令。

STEP**2** 出現 **儲存格格式** 對話方塊，選擇 **填滿** 標籤，按【填滿效果】鈕。

STEP**3** 出現 **填滿效果** 對話方塊，選擇所要設定的 **漸層** 效果，按【確定】鈕。

STEP**4** 回到 **儲存格格式** 對話方塊，按【確定】鈕完成設定。

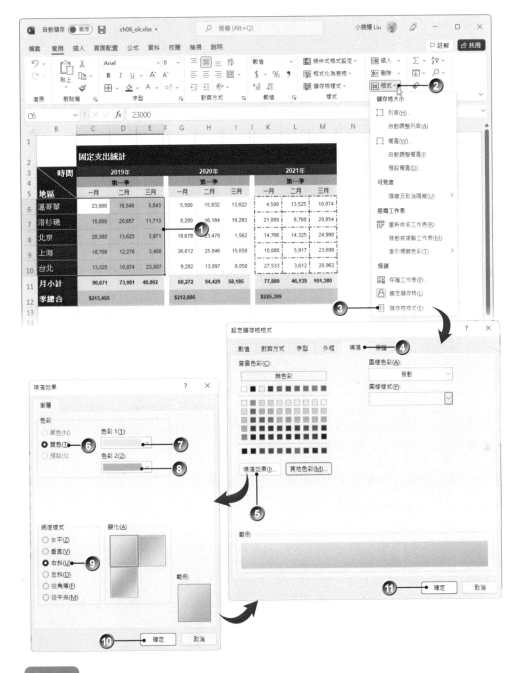

● 請注意，**填滿效果** 及 **圖樣樣式** 無法同時套用在同一個儲存格範圍中。

● 如果要取消儲存格填色，請先選擇範圍後，執行 **常用 > 字型 > 填滿色彩 > 無填滿** 指令。

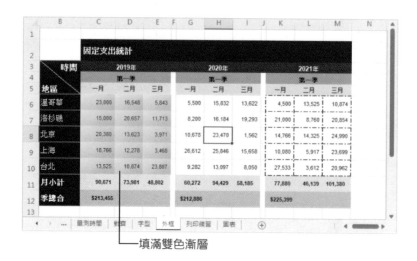

填滿雙色漸層

6-8 列印工作表

這一節將說明，如何設定 **版面**、**分頁**，以及 **列印標題** 的設定；在列印之前可以使用 **預覽列印** 事先檢閱，以節省列印的時間。

6-8-1 版面設定

準備列印文件之前，建議先瞭解一下印表機紙張的大小，以便將文件版面做最佳安排。

STEP**1** 開啟要列印的活頁簿檔案，選擇要列印的工作表。

STEP**2** 執行 **頁面配置 > 版面設定** 功能區中的相關指令。

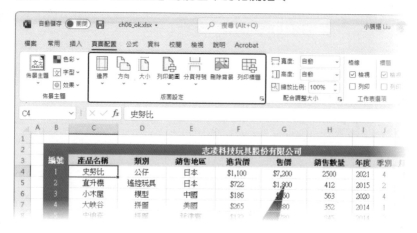

◆ **邊界**：設定欲列印工作表與紙張 **上、下、左、右** 的距離，可以選用 Excel 定義好的預設值，或執行 **自訂邊界** 指令，透過 **版面設定** 對話方塊的 **邊界** 標籤自訂邊界值。

◆ **方向**：選擇在紙張中的列印方向，**直向** 或 **橫向**。

◆ **大小**：選擇要列印的紙張大小，需視印表機中的紙張而訂。若執行清單中的 **其他紙張大小** 指令，可以透過 **版面設定** 對話方塊的 **頁面** 標籤自訂紙張大小。若只差一點點就能放在同一頁顯示，可以設定成「調整成 1 頁寬 1 頁高」。

◆ **列印範圍**：如果只是要列印工作表中的某一個儲存格範圍，或多個儲存格範圍（搭配 `Ctrl` 鍵選取），可以在選取之後執行 **設定列印範圍** 指令，將其設定為「列印範圍」；如此，列印時只會印出該部分的內容。若要取消，請執行 **清除列印範圍** 指令。

◆ **分頁符號**：設定或移除人工分頁線。請先在工作表中點選要設定分頁的儲存格，再執行 **插入分頁** 指令，即會以該儲存格左上角的交叉點為依據設定新頁次的分隔點；若要移除分頁線，請執行 **移除分頁** 指令。

◆ **背景**：可以在工作表中加入指定的背景圖片。執行後會開啟 **插入圖片** 窗格，選擇圖片存放的位置，即能將其載入做為工作表背景；插入後若要刪除，請執行 **刪除背景** 指令。

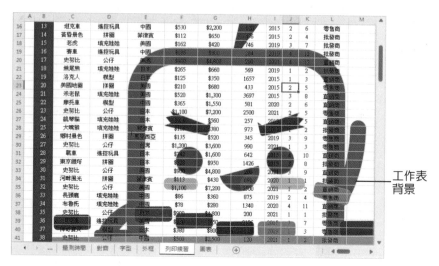

工作表
背景

◆ **列印標題**：當工作表的內容很多，列印後會產生多頁文件，如果希望每一頁都顯示 **標題列** 或 **標題欄**，以利讀者閱讀，就需要設定 **列印標題**。執行後會開啟 **版面設定** 對話方塊並位於 **工作表** 標籤，請在其中設定 **標題列** 或 **標題欄** 的儲存格範圍。

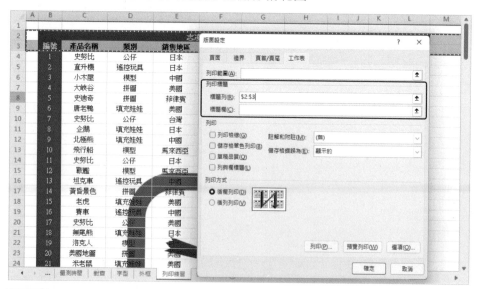

6-8-2 設定頁首 / 頁尾

列印工作表時，我們可以在工作表的頂端或底部設定 **頁首** 或 **頁尾**，讓每一頁都能顯示共有的資訊，方便文件的收藏與保存，例如：建立有頁碼、日期及顯示檔案名稱的頁尾；或建立顯示公司名稱、LOGO 的頁首。

> **說明**
>
> 當 **工作表** 是以 **標準模式** 檢視時，**頁首** 和 **頁尾** 不會顯示出來，只有在 **整頁模式** 檢視或列印出來的文件上才會顯示。

STEP**1** 延續上述範例操作，選擇要設定頁首 / 頁尾的工作表。

STEP**2** 按 **版面配置 > 版面設定** 功能區中的 **對話方塊啟動器** 🖻 鈕。

STEP**3** 出現 **版面設定** 對話方塊，選擇 **頁首 / 頁尾** 標籤，在 **頁首** 或 **頁尾** 下拉式清單中選擇 Excel 預先定義好的選項；如果沒有滿意的選項，請按【自訂頁首】或【自訂頁尾】鈕。

STEP**4** 視需要分別在 **頁首** 或 **頁尾** 對話方塊的 **左**、**中**、**右** 輸入方塊中，設定要顯示的內容，完成後按【確定】鈕。

STEP**5** 回到 **版面設定** 對話方塊，按【確定】鈕完成設定。

6-8-3 預覽列印與列印

完成文件的版面設定之後，就可以準備列印文件了。列印與預覽功能結合在一起，在設定列印屬性時可一併預覽結果；此外，若先前沒有設定版面，還可以在這裡直接設定 **分頁**、**頁首**、**頁尾** 及 **版面配置**…等屬性，節省許多列印的校對工作。

STEP1 執行 **檔案 > 列印** 指令，進入 **列印** 頁面，可以輸入要列印的 **份數**、選擇 **印表機**，設定 **列印範圍**、**列印方向**、**列印縮放比例**…等屬性。

STEP2 如果之前沒有進行文件版面配置的設定，按 **版面設定** 超連結，可以開啟 **版面設定** 對話方塊做設定。

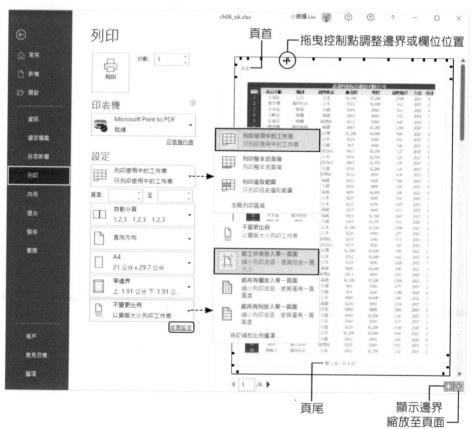

STEP3 按一下右下角的 **顯示邊界** 鈕，可以在預覽區域中直接拖曳邊界控制點，手動調整邊界設定。

STEP4 設定完成後按 **列印** 鈕就能將文件列印出來。

建立Excel表格與圖表

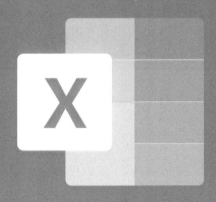

Excel 雖然不是專為資料庫所設計的軟體，但是它也提供一些常用的資料庫功能，像這樣內含一筆一筆記錄的資料，在 Excel 中稱為「表格」。使用者不必寫任何程式就可以透過 Excel 內建的功能輕鬆執行資料的篩選、排序…等工作。

7-1 建立與編修表格

Excel 針對大量資料的處理，是以「資料庫」的觀念執行，Excel 將它稱為「表格」，不論是排序、篩選或計算，都非常容易而迅速。在 Excel 試算表中，對於「表格」並沒有特別的定義，所以一般使用者都能輕鬆上手，並用來處理相關工作。

7-1-1 Excel 表格的重要概念

工作表 中如果有一塊儲存格範圍，相鄰此範圍之上、下、左、右的儲存格，皆為「空白儲存格」，則此資料範圍就可以被建立為「表格」。如果「表格」中的第一列具有「欄標題」的特性，而且其內容皆有關聯（例如：客戶名稱、電話、地址…等），即可將其視為「資料表」－簡易資料庫。關於 Excel 所建立的資料表有下列幾點說明：

● 可以在單一工作表中，使用一個以上的「表格」，但如果要將表格視為「資料表」使用，建議最好還是在不同工作表中分別建立。

● Excel 在執行「表格」處理時，並不特別要求在每一欄設定單獨的標題，但是建議最好維持「欄標題」名稱的 **唯一性**。

各行各業中已經存在由許多不同的應用程式所建立的「資料庫」，你可以經由檔案轉換取得這些資料庫內容加以運用。但要如何在 Excel 建立一個「表格」呢？其實與在儲存格中輸入資料的操作完全一樣，只是為了能持續地使用「表格」，建立時請注意下列特點：

● 在表格範圍中，針對每一欄的頂端儲存格，各賦予欄位名稱；同一欄的各個儲存格內容，其性質應皆相同，例如：姓名欄中不應放置電話號碼。

● 空白欄、列盡可能不要出現在「表格」中。

● 理想狀況是每一頁工作表僅設定一個「表格」。

● 如果未定義「表格」名稱，但在「表格」範圍的四周都是空白儲存格時，那麼，當選定此範圍中的任意儲存格時，Excel 都會自動辨識並定義此範圍。

● 如果預定日後要進行資料篩選，請不要隨意將不相關的資料放在與「表格」有關的左右二側儲存格範圍。

● 為了能於日後增加新的資料，請在 **表格** 最後一列預留「空白儲存格」，並盡可能不再放置任何其他資料。

● 為了區別 **欄標題** 與 **資料**，請以儲存格框線處理，而不是加入空白列。在儲存格內輸入資料時，不要在前面或後面輸入空格；否則，這些多餘的空格，會影響資料排序與搜尋的結果。

7-1-2 建立表格

在 Excel 中建立 **表格** 就像於儲存格中輸入資料一樣的簡單。現在，我們就依據前一小節說明的各項特點，建立一份資料庫表格。

STEP1 選取 B2:F2 儲存格範圍，執行 **常用 > 對齊方式 > 跨欄置中** 指令，合併所選取的儲存格；然後輸入表格的標題名稱。

STEP2 請於 B3:F3 儲存格範圍，逐一輸入欄位名稱，例如：日期、汽車類型、現況、數量、金額，並視需要設定儲存格格式。

STEP3 於 B4:F4 儲存格，輸入第一筆記錄的各項資料。

STEP4 重覆步驟 3，輸入所有資料並視需要設定儲存格格式，完成之後要記得儲存檔案。

日期	汽車類型	現　況	數量	金額
2021/06/16	小轎車	交運	2	NT$1,995,000
2021/06/15	皮卡車	製造	3	NT$2,415,000
2021/06/15	休旅車	製造	1	NT$501,667
2021/06/20	吉普車	製造	3	NT$735,000
2021/06/19	越野車	訂貨	2	NT$952,000
2021/06/15	小轎車	訂貨	5	NT$4,987,500
2021/06/16	皮卡車	訂貨	1	NT$840,000
2021/06/15	休旅車	交運	3	NT$1,505,000
2021/06/20	吉普車	交運	1	NT$735,000
2021/06/19	越野車	訂貨	5	NT$2,380,000
2021/06/15	小轎車	製造	2	NT$1,995,000
2021/07/16	皮卡車	訂貨	1	NT$840,000
2021/07/15	休旅車	訂貨	3	NT$1,505,000
2021/07/20	吉普車	訂貨	1	NT$735,000
2021/07/19	越野車	交運	5	NT$2,380,000
2021/07/15	小轎車	交運	2	NT$1,995,000
2021/07/16	皮卡車	製造	1	NT$840,000
2021/07/15	休旅車	交運	1	NT$501,667
2021/07/20	吉普車	製造	5	NT$3,675,000
2021/07/19	越野車	訂貨	3	NT$1,428,000

STEP5 點選資料範圍內的任意一個儲存格，執行 **插入 > 表格 > 表格** 指令。

STEP6 資料所在的儲存格範圍會呈現「流動的虛線框」，同時會出現 **建立表格** 對話方塊，再次確認表格範圍是否正確（本例為 B3:F23），按【確定】鈕，Excel 就會將資料所在的儲存格範圍定義成「表格」。

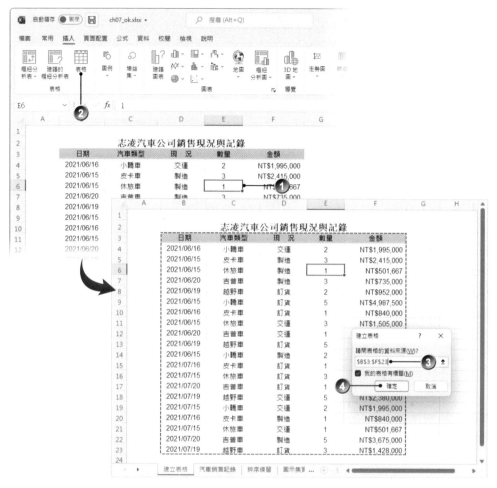

STEP**7** 此時,功能區會顯示 **表格設計** 關聯式索引標籤,未來有關「表格」的設定
就可以透過其中的指令執行。　　　　　　　　　　出現「表格設計」索引標籤

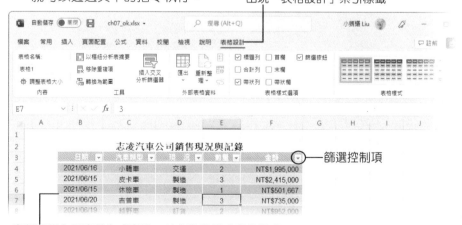

筆選控制項

資料範圍內已定義為「表格」並自動套用「表格樣式」

- 如果直接從 A1 儲存格開始輸入資料，則 Excel 會自動將最上方的列，與最左邊的欄，視為空白儲存格。
- 如果要將「表格」轉換為一般儲存格範圍，請先將儲存格游標放在表格中的任意位置，再執行 **表格設計 > 工具 > 轉換為範圍** 指令。

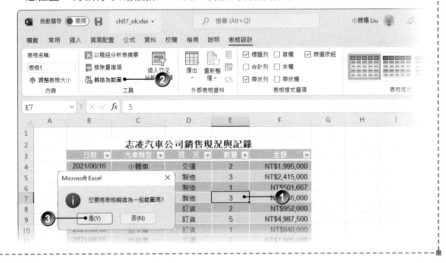

選取要建立成表格的儲存格範圍之後，按一下右下角的 **快速分析** 🖺 鈕，選擇清單中的 **表格** 標籤，再執行 **表格** 指令，也可以快速建立表格。

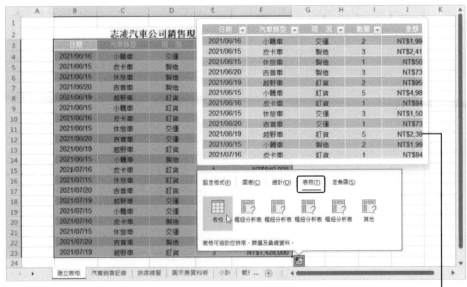

表格預覽

7-1-3 套用表格樣式

　　「表格」建立之後，可以套用預設的 **表格樣式**，它能自動將表格範圍中每一筆資料以交替的色彩顯示，使其易於閱讀；甚至可以視需要將標題、首列（欄）、末列（欄）、加總列（欄），以特別格式呈現，但是不會破壞整個「表格」（資料庫）的結構。

STEP**1**　將儲存格游標移到「表格」範圍內的任意位置，在 **表格設計 > 表格樣式** 功能區群組中選擇喜歡的樣式。

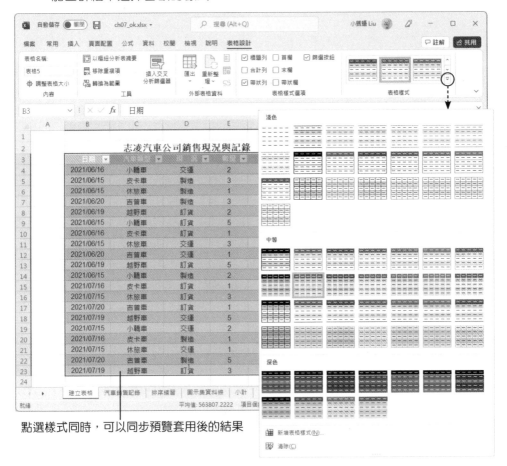

點選樣式同時，可以同步預覽套用後的結果

STEP**2**　也可以執行 **頁面配置 > 佈景主題 > 佈景主題** 指令，在清單中選擇喜愛的主題樣式。

點選樣式的同時可以同步預覽套用後的結果

7-2 資料篩選

篩選 的實質意義，是將合乎使用者要求的資料，集中顯示在工作表上，不合乎要求的資料隱藏於幕後。

7-2-1 自動篩選

自動篩選 能夠迅速地處理大型「表格」，經過篩選後的資料，分別隱藏於幕後或顯示於工作表上。Excel 針對不合條件的資料，在隱藏時是整列隱藏，因此表格旁邊的資料也都會被隱藏，所以非必要，請勿將其他資料放置於表格二側。

STEP**1** 點選工作表中表格資料範圍內的任意儲存格，執行 **資料 > 排序與篩選 > 篩選** 指令。

STEP**2** 按下要篩選欄位（例如：汽車類型）旁邊的 **篩選控制項** ，在清單中先取消勾選 □（**全選**）核取方塊，再勾選要篩選的條件，例如：☑ **小轎車**、☑ **皮卡車**，按【確定】鈕。

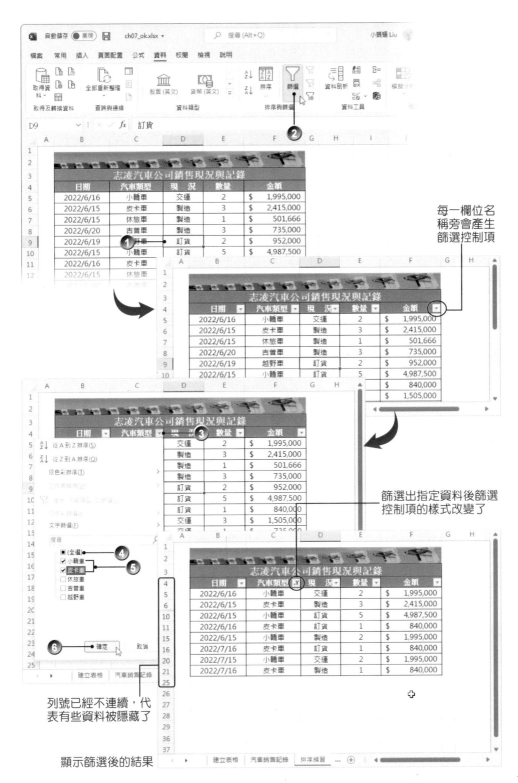

每一欄位名
稱旁會產生
篩選控制項

篩選出指定資料後篩選
控制項的樣式改變了

列號已經不連續，代
表有些資料被隱藏了

顯示篩選後的結果

STEP3 檢視完篩選資料之後，如果欲恢復為原來的狀態，請點選 **篩選控制項** ▼ 鈕，執行清單中的 **清除 " ○○○ " 的篩選** 指令，例如：清除 " 汽車類型 " 的篩選。

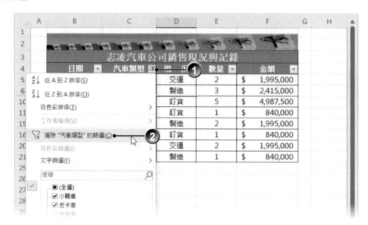

STEP4 如果要清除所有的篩選條件，請執行 **資料 > 排序與篩選 > 清除** 指令。

✦ 説明

- 如果已經將工作表中的資料轉換為 **表格**，會自動呈現「篩選」狀態；再執行一次 **資料 > 排序與篩選 > 篩選** 指令，篩選控制項 ▼ 就會消失。
- 當你點選 **篩選控制項** ▼ 時，Excel 會依據此欄位的資料，自動判斷其資料類別，所顯示的清單指令也會自動調整。

7-2-2 以指令篩選

使用 **篩選** 指令時，可以使用二種方法執行這個工作：一為先點選欄位旁的 **篩選控制項** ，然後於清單中直接勾選篩選條件，在表格中找尋符合條件的資料；另一為點選清單中的 **自訂篩選** 指令，在對話方塊中設定篩選條件。

如果按 **篩選控制項** 時，在指令清單中選擇 **前 10 項** 指令，即會出現 **自動篩選前 10 項** 對話方塊，可供選擇最前或最後的 N 筆記錄。

STEP**1** 按下要篩選欄位（例如：金額）旁邊的 **篩選控制項** ，在清單中點選 **數字篩選 > 前 10 項** 指令。

STEP**2** 出現 **自動篩選前 10 項** 對話方塊，選擇要顯示 **最前** 或 **最後** 的資料；輸入要顯示的筆數，例如：10；設定條件，可選擇 **項** 或 **百分比**，完成後按【確定】鈕。

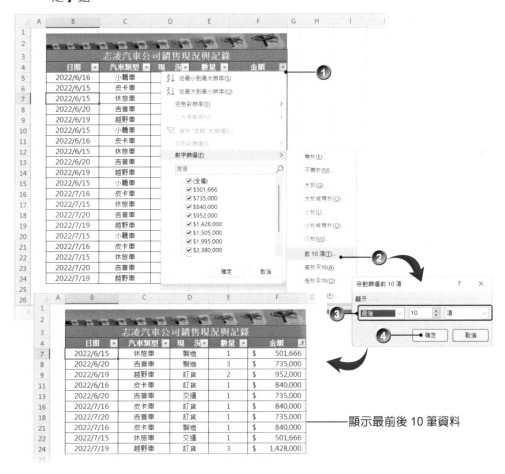

顯示最前後 10 筆資料

7-2-3 自訂篩選

如果按 **篩選控制項** ⊡ 時，在指令清單中選擇 **自訂篩選** 指令，則會出現 **自訂自動篩選** 對話方塊，主要目的是補足設定條件。其左邊為 **比較運算子**，右邊為 **各欄位準則條件**。

假設想篩選出「金額」大於或等於 950,000，且「金額」小於 2,000,000 的項目有哪些，該怎麼做呢？

STEP**1** 按下要篩選欄位（例如：金額）旁邊的 **篩選控制項** ⊡ 清單中點選 **數字篩選 > 自訂篩選** 指令。

STEP**2** 出現 **自訂自動篩選** 對話方塊，在 **金額** 第一列準則條件的左邊點選 **大於或等於**，在右邊輸入 950000，點選 ⊙ **且** 選項。

STEP**3** 在 **金額** 第二列準則條件的左邊點選 **小於**，右邊輸入 2000000，設定完成後按【確定】鈕。

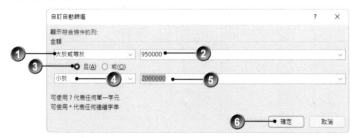

日期	汽車類型	現　況	數量	金額
2022/6/16	小轎車	交運	2	$ 1,995,000
2022/6/19	越野車	訂貨	2	$ 952,000
2022/6/15	休旅車	交運	3	$ 1,505,000
2022/6/15	小轎車	製造	2	$ 1,995,000
2022/7/15	休旅車	訂貨	3	$ 1,505,000
2022/7/15	小轎車	交運	2	$ 1,995,000
2022/7/19	越野車	訂貨	3	$ 1,428,000

顯示出符合條件資料

7-2-4 篩選中的搜尋

除了前面小節所說明的「篩選」方式之外，也可以透過 **篩選控制項** 指令清單中的 **搜尋** 文字方塊來篩選資料。例如：我們在「汽車銷售記錄」工作表中，要找日期包含 15 的資料。

STEP1　點選 **日期** 欄位旁邊的 **篩選控制項** ，在清單中的 **搜尋** 文字方塊輸入 15，按【確定】鈕。

STEP2　即會顯示符合日期包含「15」的資料。

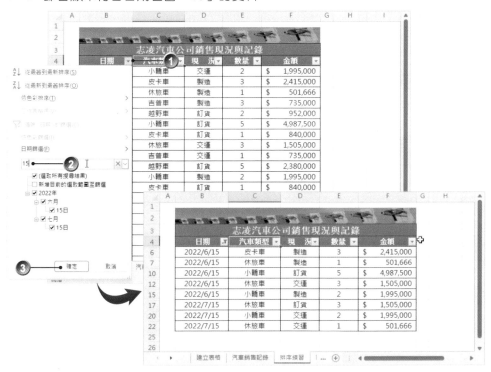

7-3　資料排序

　　一般在輸入表格資料時，不會刻意依據某一特定的順序。因此，如要查詢資料之間發生的先後、大小，會增加不少麻煩。為了解決此種問題，透過 **排序** 指令是最有效整理方法。提醒你，執行 **排序** 指令之前，建議先將工作表 **另存新檔**，如此，萬一在排序後資料無法復原時，還可以找回原始資料。

7-3-1 一般排序

　　Excel 在 **資料 > 排序與篩選** 功能區群組中預備了 **從最小到最大排序** 及 **從最大到最小排序** 指令供你使用，方法雖然比較簡單，但它只能決定單一因素的 **遞增** 或 **遞減** 排序。

STEP1　請先將要排序整的資料範圍轉成「表格」。

STEP2　選取 **數量** 欄位內的某個儲存格，執行 **資料 > 排序與篩選 > 從最小到最大排序** 指令。

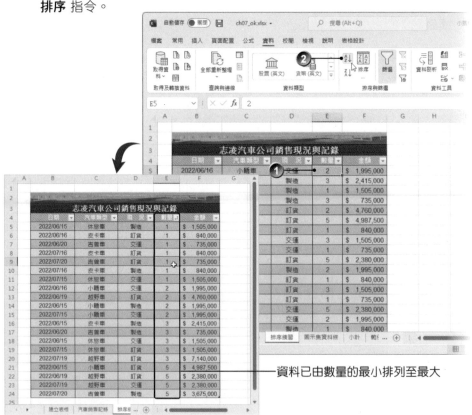

資料已由數量的最小排列至最大

7-3-2 特別排序

　　針對不同的國情或不同的公司文化，可能需要有自訂的排序方式，Excel 允許使用自己定義的序列排序，例如：以產品製造地名稱為排序數列。

STEP**1**　選取資料範圍中的任意儲存格，執行 **資料 > 排序與篩選 > 排序** 指令。

STEP**2**　出現 **排序** 對話方塊，在 **排序方式** 清單中的欄位，選擇要做為排序依據的欄位，例如：汽車類型；在 **排序對象** 清單中，選擇 **儲存格值** 項目；在 **順序** 清單中，選擇 **自訂清單** 項目。

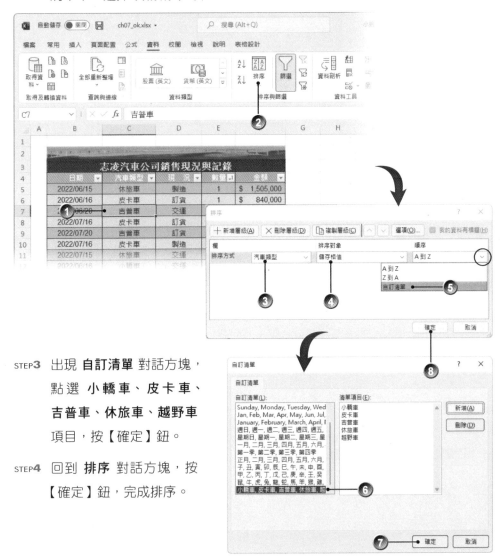

STEP**3**　出現 **自訂清單** 對話方塊，點選 **小轎車、皮卡車、吉普車、休旅車、越野車** 項目，按【確定】鈕。

STEP**4**　回到 **排序** 對話方塊，按【確定】鈕，完成排序。

排序結果

說明

在執行步驟 3 之前，必須先「自訂文字序列」，請參考 5-3-2 節。

7-3-3 色階、圖示集與資料橫條

依據色彩排序及篩選資料，不但是簡化資料分析的絕佳方法，還能讓使用者迅速看到資料的重點與趨勢。

STEP1 選擇要格式化的儲存格範圍，執行 **常用 > 樣式 > 條件式格式設定 > 資料橫條 > 漸層填滿 > 橘色資料橫條** 指令。

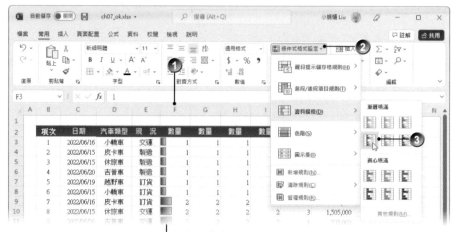

點選樣式，可同步預覽套用後的結果

STEP**2** 選擇要格式化的儲存格範圍，執行 **常用 > 樣式 > 條件式格式設定 > 色階 > 紅 - 黃 - 綠色階** 指令。

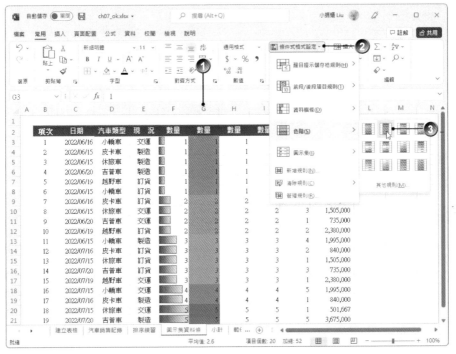

STEP**3** 執行 **圖示集** 的格式化。先選擇 J3:J22 儲存格範圍，再執行 **常用 > 樣式 > 條件式格式設定 > 圖示集 > 五箭號 (彩色)** 指令。

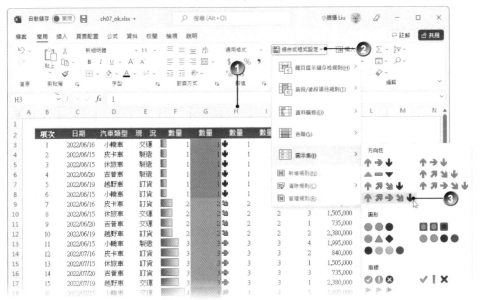

● 若要清除色階與圖示的格式化，可以執行 常用 > 樣式 > 條件式格式設定 > 清除規則 清單中的相關指令。

● 選取要格式化的儲存格範圍後，按右下角的 快速分析 鈕，也可以快速套用 資料橫條、色階 與 圖示集 格式。

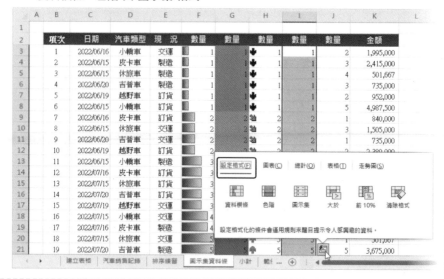

7-4 分組小計

Excel 除了可以建立「表格」進行資料篩選與排序之外，還具備強大的計算與分析的能力，例如：**分組小計**。請特別留意！如果所選取的資料範圍已經被設定為「表格」，無法使用小計功能。

分組小計 可以在選取的資料範圍中，計算小計與總計數值，不需要使用者輸入公式，而且還會自動插入標籤於新增的顯示列，並建立成 **大綱模式**。但是在進行 **小計** 作業之前，必須先將針對對應的欄位執行 **排序**，如此 **小計** 數值才是正確有用的資料。這一節的範例是要以「汽車類型」為小計欄位並已經先排序妥當。

STEP**1** 選取資料範圍中的任意儲存格，執行 **資料 > 大綱 > 小計** 指令。

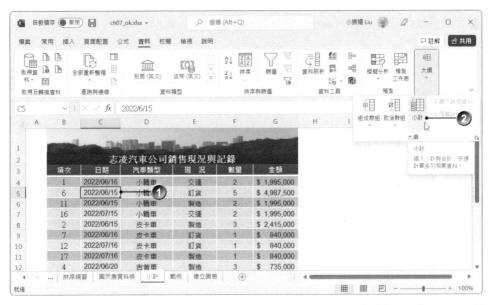

STEP**2** 出現 **小計** 對話方塊，**分組小計欄位** 選擇 **汽車類型**、**使用函數** 設定為 **加總**；新增小計位置，請勾選 ☑ **金額** 核取方塊；再勾選 ☑ **摘要置於小計資料下方** 核取方塊，按【確定】鈕。

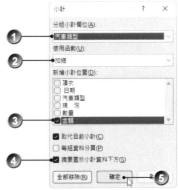

欄列階層：顯示大綱階層數

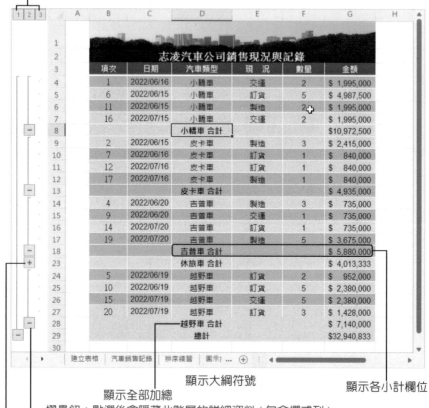

顯示大綱符號

顯示全部加總

顯示各小計欄位

摺疊鈕：點選後會隱藏此階層的詳細資料 (包含欄或列)

展開鈕：點選後會顯示此階層的詳細資料 (包含欄或列)

說明

若要將 工作表 恢復成原狀，只要再執行 資料 > 大綱 > 小計 指令，於 小計 對話方塊中，按【全部移除】鈕，即可將小計資料全部移除。

7-5 建立圖表

完成一份電子試算表或表格資料的編輯之後，透過 Excel 可以很快地建立一個實用又美觀的 **圖表**，將數值資料的實際涵義清楚表達出來。針對 Excel 內建的 **圖表類型**，大致上可分為 10 種，每一種類型，又包含數種平面或立體圖形供你選擇。

7-5-1 Excel 圖表的基礎概念

　　建立圖表的方式十分簡單，只要執行 **插入 > 圖表 > 建議圖表** 指令，就能快速的從多種圖表中選取最適合的樣式，輕鬆完成圖表的建置。所有的圖表，基本上皆由 **數列** 所產生，其主要功用是將數值資料轉換為圖形，讓使用者很清楚地看到每個數字所代表的意義。

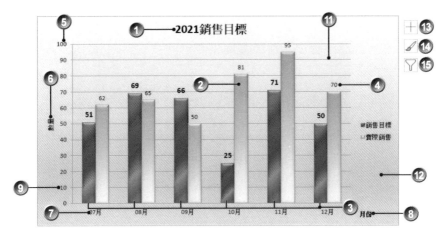

①　**圖表標題**：標示與圖表相關的名稱。

②　**資料點**：對應於類別資料的獨立數值。

③　**資料數列**：對應於類別的一組數值資料。

④　**資料標籤**：表達資料點數值或類別文字的說明。

⑤　**數值（Y）座標軸**：用以量度資料點的大小（一般設定為垂直軸）。

⑥　**數值（Y）座標軸標題**：資料點的度量名稱。

⑦　**類別（X）座標軸**：用以分開顯示資料數列類別。

⑧　**類別（X）座標軸標題**：類別的總稱（例如：月份）。

⑨　**座標刻度**：用以細分資料點度量或類別集合。

⑩　**主要格線**：繪圖區的分隔線，便於閱覽資料。

⑪　**圖例**：資料數列或類別的代表色彩與名稱。

⑫　**繪圖區**：繪製資料數列的區域

⑬　**圖表項目** ＋：可以快速預覽、變更圖表中的項目。

⑭　**圖表樣式** ✐：可以快速變圖表的外觀與樣式。

⑮　**圖表篩選** ▽：可以快速篩選出要顯示在圖表的資料。

7-5-2 快速建立圖表

Excel 放置圖表的方式有二種：一種是直接顯示在 **工作表** 上，稱它為 **嵌入圖**；另一種是專門顯示圖表物件的 **圖表工作表**。不管是使用哪一種方式，操作方法皆相同，都可以透過 **插入 > 圖表** 功能區群組中的指令操作，建立之後再選擇圖表放置的方式。別忘了，建立之前要先準備好所需的相關資料。

STEP1　先在工作表中輸入圖表所需的相關資料，然後選取欲建立圖表數據的儲存格範圍；執行 **插入 > 圖表 > 建議圖表** 指令。

STEP2　出現 **插入圖表** 對話方塊，並位於 **建議的圖表** 標籤，點選合適的圖表，右側可以預覽並顯示相關說明，確認後按【確定】鈕。

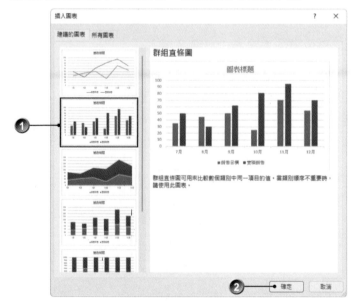

STEP**3** 工作表中已出現套用預設樣式的圖表。點選圖表右上角的 **圖表項目** ＋ 、**圖表樣式** ✏ 和 **圖表篩選** ▽ 智慧標籤，可以視需要調整要顯示的圖表項目（例如：座標軸標題或資料標籤）、圖表樣式及外觀與篩選（變更）圖表內顯示的資料。

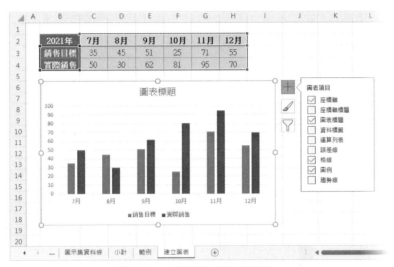

建立 Excel 建議的群組直條圖

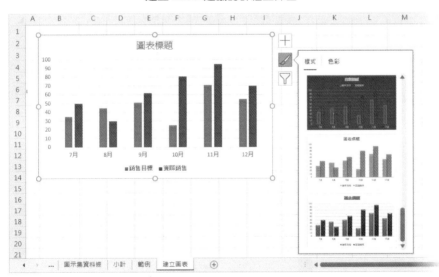

變更圖表樣式

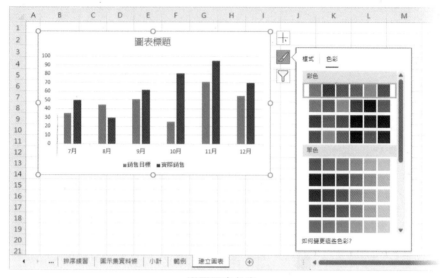

變更圖表色彩

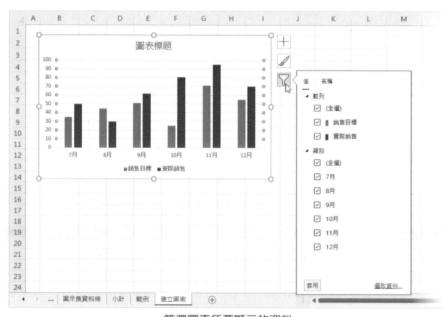

篩選圖表所要顯示的資料

STEP4 點選所建立的圖表後，視需要還可以在 **圖表設計** 和 **格式** 關聯式索引標籤
中設定其他的版面配置方式、樣式、變更圖表類型、格式。

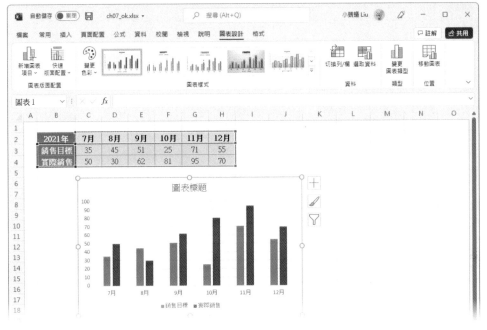

圖表設計

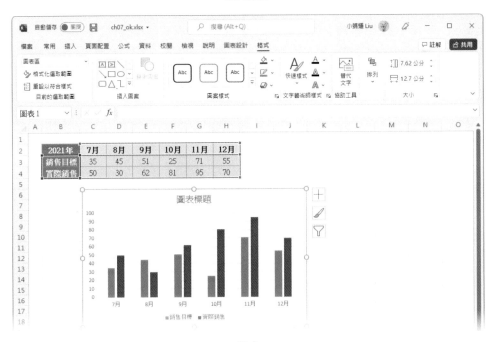

格式

選取欲建立圖表的資料儲存格範圍後，先按其右下角的 **快速分析** 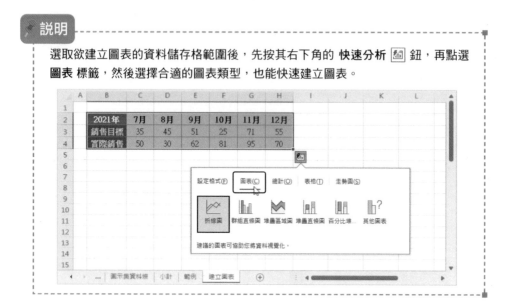 鈕，再點選 **圖表** 標籤，然後選擇合適的圖表類型，也能快速建立圖表。

7-5-3 編修圖表

建立圖表時，預設會將完成的圖表嵌入工作表中，圖表的周圍會有一個半透明邊框，上方有 8 個 **控制點**；使用滑鼠指向圖表，按住滑鼠左鍵拖曳，可以將圖表搬移到新的位置；若將滑鼠指向 **控制點**，按住後拖曳，則可以調整圖表的大小。

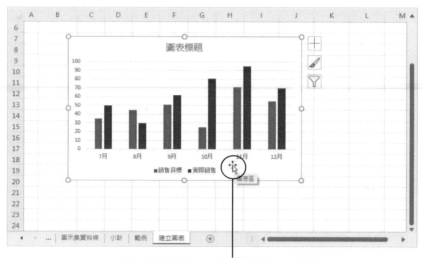

滑鼠指到圖表區，當游標變成十字型的移動
指示游標時，即可將圖表拖曳到新的位置

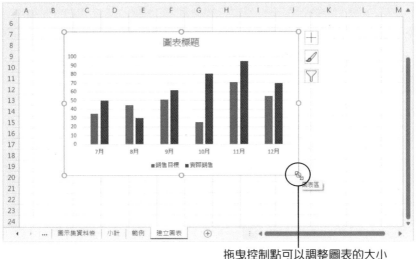

拖曳控制點可以調整圖表的大小

7-5-4 變更圖表類型

無論使用哪一種方式建立圖表，可能會因為資料的變更、顧客的要求…等，需要變更圖表的類型，別急著重新建立圖表，只要針對原先已建立的圖表進行變更即可。

STEP**1** 使用滑鼠點選要變更的圖表，執行 **圖表設計 > 類型 > 變更圖表類型** 指令。

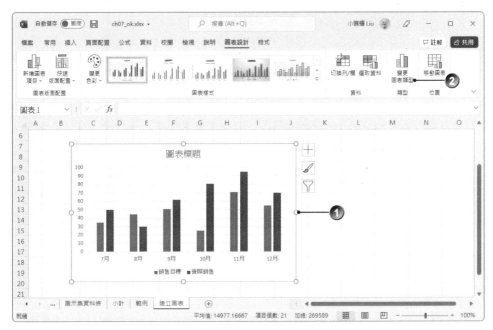

STEP2 出現 **變更圖表類型** 對話方塊並位於 **所有圖表** 標籤，在左側選擇要變更的
圖表類型標籤，例如：**橫條圖**；點選 **副圖表副類型**；視需在預覽圖表中選
擇 **數值** 或 **類別** 座標籤的顯示方式，按【確定】鈕。

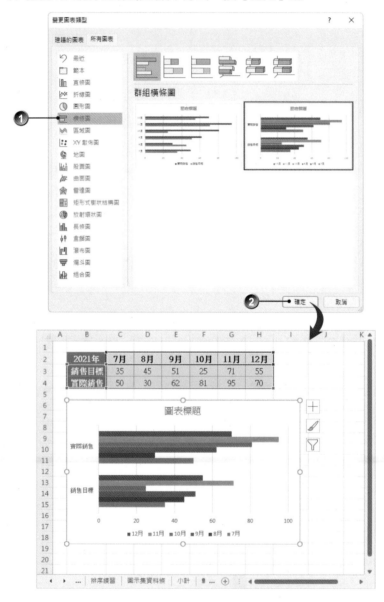

Chapter

8

Excel樞紐分析表與分析圖

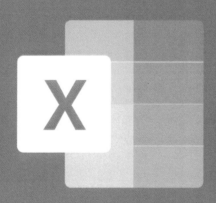

本章重點

樞紐分析表 是從 **表格**（資料表）的指定欄位，賦予特定的條件，**再重新將表格**（資料表）加以組織整理，且對於數值的計算與分類，更是功效卓著。一般而言，它能夠處理下列工作：建立一個概括性表格、使用拖曳方式重新組織表格、執行排序與篩選功能。

8-1 建立樞紐分析表

由於 **樞紐分析表** 是一個經過重新組織的表格，且是具有第三維查詢應用的表格。它與原始 **表格**（資料表）之間是 **暖連結**（Warm Linked），也就是說原始表格（資料表）的資料變更後，**樞紐分析表** 的內容不會自動更新，**必須藉由樞紐分析表** 關聯式索引標籤中的 **重新整理** 指令執行。

8-1-1 自動建立樞紐分析表

如果能分析工作表中的所有資料，就可以做出最佳的業務決策。但面臨大量的資料時，往往不知道該從哪裡著手，那麼 **樞紐分析表** 與 **樞紐分析圖** 就是你的最佳助手。

STEP1 開啟一份已編輯完成的工作表，將儲存格游標移到表格中的任意位置；執行 **插入 > 表格 > 建議的樞紐分析表** 指令。

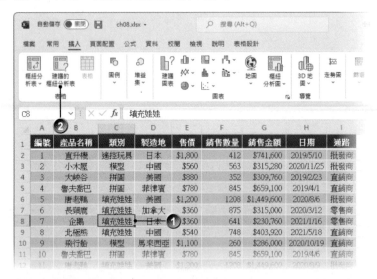

STEP2 表格資料範圍內會呈現「流動的虛線框」，同時出現 **建議的樞紐分析表** 對話方塊，左側會顯示 Excel 建議的數種 **樞紐分析表**，點選之後可以在右側

預覽結果。如果表格的資料範圍不正確，例如：不要包含 **編號** 欄位，請按 **變更來源資料** 超連結；如果資料範圍正確，請直接跳至步驟 4。

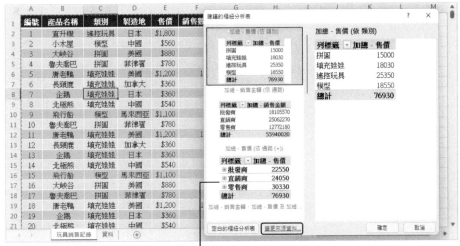

建議的樞紐分析表清單

STEP**3** 出現 **建立樞紐分析表** 對話方塊，點選 ⊙ **選取表格或範圍** 選項，並將 **表格 / 範圍** 設定為 B1:H91，完成後按【確定】鈕。

STEP**4** 回到 **建議的樞紐分析表** 對話方塊，在左側選擇要產生的樞紐分析表，按【確定】鈕。

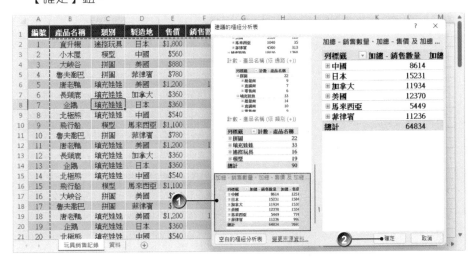

Excel 會將所產生的樞紐分析表放在新「工作表」中，同時會開啟 **樞紐分析表欄位** 工作窗格，功能區中也會顯示 **樞紐分析表工具** 關聯式索引標籤。

新建立的樞紐分析表

8-1-2 手動建立樞紐分析表

　　樞紐分析表 從外觀看來與一般 **工作表** 沒有二樣，但是它不能在儲存格中直接輸入資料或變更內容；且在其中的加總儲存格也是 **唯讀** 設定，不能任意更改其公式與內容。雖然 Excel 已很貼心的提供 **建議的樞紐分析表**，但可能不見得符合我們的需求，所以建立 **樞紐分析表** 時還是得仔細規劃表格內容，以及明白此表格所要傳達的訊息；否則，所建立的 **樞紐分析表** 會變成另一張無用的表格。這一小節的範例，是想從「玩具銷售記錄」資料表中得知：位於各個地區、各個通路每一產品的銷售數量。

STEP1　開啟一份已編輯完成的工作表，將儲存格游標移到表格中的任意位置；執行 **插入 > 表格 > 樞紐分析表 > 從表格 / 範圍** 指令。

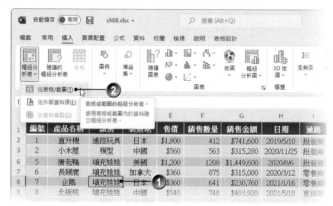

STEP**2** 出現 **建立樞紐分析表** 對話方塊，確認表格或範圍是否正確、點選 ⊙ **新增工作表** 選項，按【確定】鈕。

編號	產品名稱	類別	製造地	售價	銷售數量	銷售金額	日期	通路
1	直升機	遙控玩具	日本	$1,800	412	$741,600	2019/5/10	批發商
2	小木屋	模型	中國	$560	563	$315,280	2020/11/25	批發商
3	大峽谷	拼圖	美國	$880	352	$309,760	2019/2/23	直銷商
4	魯夫喬巴	拼圖	菲律賓	$780	845	$659,100	2019/4/1	直銷商
5	唐老鴨	填充娃娃	美國	$1,200	1208	$1,4		
6	長頸鹿	填充娃娃	加拿大	$360	875	$3		
7	企鵝	填充娃娃	日本	$360	641	$2		
8	北極熊	填充娃娃	中國	$540	748	$4		
9	飛行船	模型	馬來西亞	$1,100	260	$2		
10	魯夫喬巴	拼圖	菲律賓	$780	845	$6		
11	唐老鴨	填充娃娃	美國	$1,200	08	$1,4		
12	長頸鹿	填充娃娃	加拿大	$360	875	$3		
13	企鵝	填充娃娃	日本	$360	641	$2		
14	北極熊	填充娃娃	中國	$540	748	$4		
15	飛行船	模型	馬來西亞	$1,100	260	$2		
16	大峽谷	拼圖	美國	$880	352	$3		
17	魯夫喬巴	拼圖	菲律賓	$780	845	$6		
18	唐老鴨	填充娃娃	美國	$1,200	1208	$1,449,600	2020/12/6	批發商
19	企鵝	填充娃娃	日本	$360	641	$230,760	2021/1/5	零售商
20	北極熊	填充娃娃	中國	$540	748	$403,920	2021/8/20	直銷商
21	飛行船	模型	加拿大	$1,100	325	$357,500	2020/10/19	批發商

STEP**3** 回到 Excel 工作表中，畫面上會顯示 **樞紐分析表欄位** 工作窗格，及樞紐分析表位置。

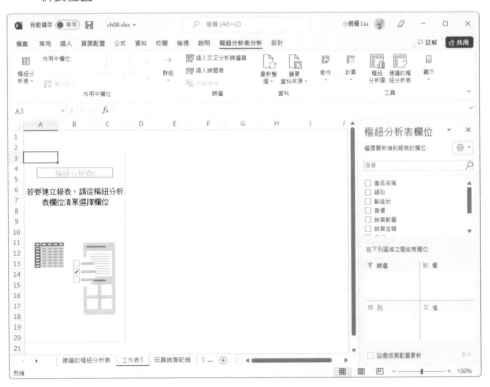

STEP4 在 **樞紐分析表欄位** 工作窗格中，將 **製造地** 欄位，拖曳到 **列** 的位置；將
類別 欄位，拖曳到 **欄** 的位置；將 **銷售數量** 欄位，拖曳到 **Σ 值** 的位置；
將 **通路** 欄位，拖曳到 **篩選** 的位置。

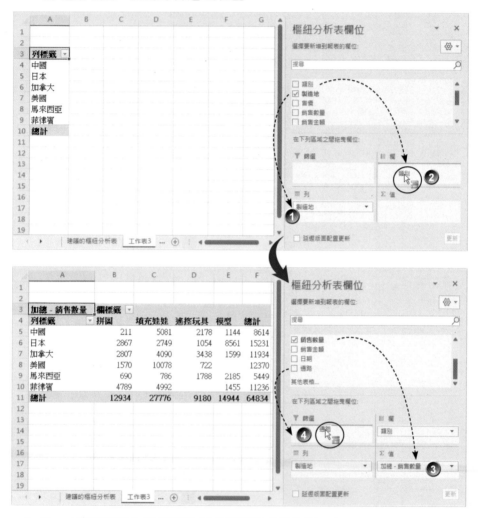

STEP5 **Excel** 會將所產生的樞紐分析表放在新「工作表」中。

已完成的樞紐分析表

8-2　編輯樞紐分析表

樞紐分析表 的編輯大多會透過 **樞紐分析表欄位** 工作窗格操作，而視需要執行 **樞紐分析表分析 > 顯示 > 欄位清單** 指令，可以顯示或隱藏 **樞紐分析表欄位** 工作窗格，預設為顯示。

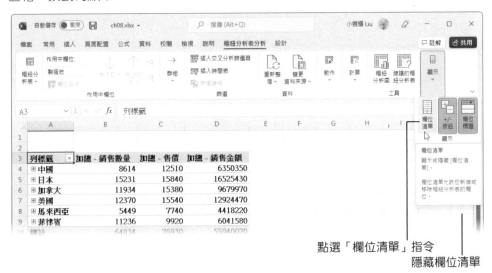

點選「欄位清單」指令

隱藏欄位清單

8-2-1 增刪樞紐分析表欄位

想要在 **樞紐分析表** 中增刪欄位是件相當容易的事，只要在 **樞紐分析表欄位** 工作窗格中使用滑鼠拖曳的方式即可。

STEP1 在 **樞紐分析表欄位清單** 工作窗格中，選取你所要調整的欄位名稱，例如：通路。

STEP2 將其拖曳到所要的位置，即可在對應的區域新增欄位，例如：將 **通路** 加入到 **列**。

STEP3 在要調整順序的欄位名稱上按一下滑鼠左鍵，執行 **下移**（或 **上移**）指令，調整其上下層級。

「列」的位置已新增「通路」欄位

STEP4 在要改變放置區域的欄位名稱上按一下滑鼠左鍵，執行 **移到欄標籤** 指令，調整其放置區域。

調整順序之後的結果

STEP5 點選要移除的位名稱，按一下滑鼠左鍵，點選 **移除欄位** 指令，可將樞紐分析表中的欄位移除。

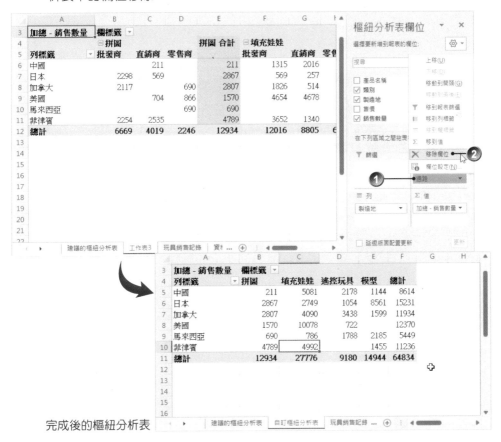

完成後的樞紐分析表

8-2-2 更新資料

當 **樞紐分析表** 的來源（原始）資料變更時，若希望所建立的 **樞紐分析表** 內容亦隨之變更，可以使用下列方法進行更新樞紐分析表資料的工作。

● 執行 **樞紐分析表分析 > 資料 > 重新整理** 指令，即可更新資料。

● 設定開啟檔案時自動更新。執行 **樞紐分析表分析 > 樞紐分析表 > 選項** 指令，在 **樞紐分析表選項** 對話方塊 **資料** 標籤中，勾選 ☑ **檔案開啟時自動更新** 核取方塊。

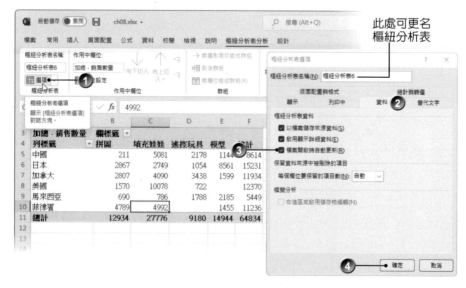

8-3　樞紐分析表的排序與篩選

樞紐分析表 建立完成後，可以視需要執行各類分析，例如：設定群組欄位、排序或篩選資料、展開或摺疊明細資料…等。透過這些設定，能夠讓決策者迅速取得分析資料，提高決策的正確性，不會陷入數字的迷思之中。

8-3-1 排序樞紐分析表

在 **樞紐分析表** 中可以依據數值或標題執行排序。如果已熟悉排序的相關規則，請執行 **資料 > 排序與篩選** 功能區中的 **從最小到最大排序** 或 **從最大到最小排序** 指令，進行資料排序，或參考下列說明操作。

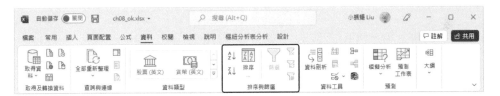

STEP**1**　選取欲排序的 **列標籤**（或 **欄標籤**），按下其右側的 **篩選控制項** ，執行 **更多排序選項** 指令。

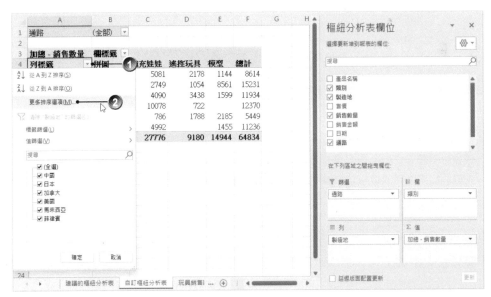

STEP**2**　出現 **排序** 對話方塊，點選 ⊙ **遞增 (A 到 Z)** 方式，按【更多選項】鈕。

STEP**3**　出現 **更多排序選項** 對話方塊，取消勾選 ☐ **每一次更新報表時自動排序** 核取方塊；在 **自訂排序順序** 清單中，選擇所要項目，按【確定】鈕。

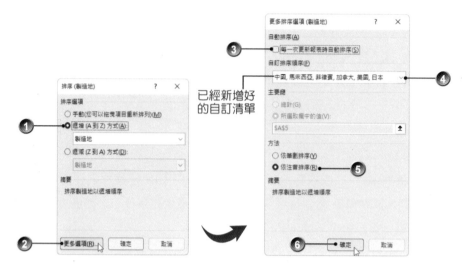

已經新增好
的自訂清單

STEP4 回到 **排序** 對話方塊,按【確定】鈕,完成排序工作。

	A	B	C	D	E	F	G	H
1	通路	(全部)						
2								
3	加總 - 銷售數量	欄標籤						
4	列標籤	拼圖	填充娃娃	遙控玩具	模型	總計		
5	中國	211	5081	2178	1144	8614		
6	馬來西亞	690	786	1788	2185	5449		
7	菲律賓	4789	4992		1455	11236		
8	加拿大	2807	4090	3438	1599	11934		
9	美國	1570	10078	722		12370		
10	日本	2867	2749	1054	8561	15231		
11	總計	12934	27776	9180	14944	64834		
12								
13								
14								

建議的樞紐分析表 / 自訂樞紐分析表 / 玩具銷售 ...

排序之後的結果

> **説明**
>
> 在執行步驟 3 之前,可以選擇依自訂的文字序列排序,但是有個先決條件,必須
> 先自訂文字序列,若忘記該如何設定,請參考 5-3-2 節。

8-3-2 篩選樞紐分析表

　　樞紐分析表 建立後,在 **篩選、列標籤、欄標籤** 旁都會顯示 **篩選控制項** ▽,
點選它可以篩選要顯示在樞紐分析表中的資料,操作方式與 **7-2-1** 節相同。

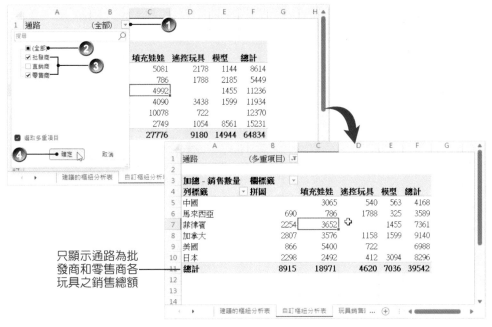

只顯示通路為批
發商和零售商各
玩具之銷售總額

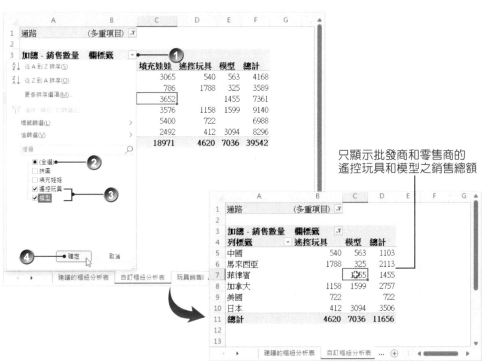

只顯示批發商和零售商的
遙控玩具和模型之銷售總額

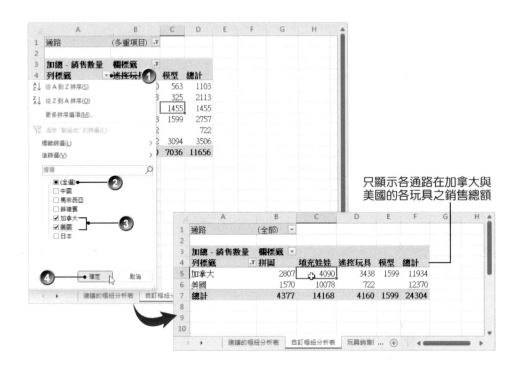

只顯示各通路在加拿大與
美國的各玩具之銷售總額

8-3-3 變更欄位設定

樞紐分析表 所產生欄位的結果都是 **加總值**，若你想獲得的是每個欄位的 **平均值**，應如何做呢？

STEP**1** 將滑鼠游標移至樞紐分析表的資料內容，按一下滑鼠右鍵，執行 **值欄位設定** 指令。

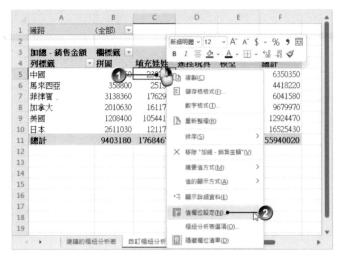

STEP**2** 出現 **值欄位設定** 對話方塊,在 **摘要值方式** 標籤中點選 **平均值** 計算類型項目,按【數值格式】鈕。

STEP**3** 出現 **儲存格格式** 對話方塊,執行 **貨幣** 格式的設定,完成後按【確定】鈕。

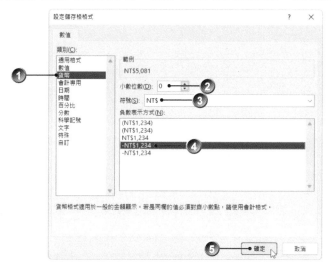

STEP**4** 回到 **值欄位設定** 對話方塊,按【確定】鈕。

	A	B	C	D	E	F
1	通路	(全部)				
2						
3	平均值 - 銷售金額	欄標籤				
4	列標籤	拼圖	填充娃娃	遙控玩具	模型	總計
5	中國	NT$75,960	NT$287,829	NT$689,000	NT$607,915	NT$423,357
6	馬來西亞	NT$179,400	NT$251,520	NT$1,251,600	NT$326,175	NT$490,913
7	菲律賓	NT$448,337	NT$352,592		NT$285,065	NT$377,599
8	加拿大	NT$502,658	NT$268,620	NT$941,280	NT$450,407	NT$537,776
9	美國	NT$302,100	NT$1,318,021	NT$390,633		NT$861,631
10	日本	NT$652,758	NT$242,348	NT$884,400	NT$1,822,310	NT$972,084
11	總計	NT$427,417	NT$535,899	NT$806,644	NT$839,256	NT$621,556
12						
13						
14						

‹ … 自訂樞紐分析表 銷售金額樞紐分析表 玩具銷售記錄 資料 ⊕

顯示平均值並套用指定的儲存格格式

8-4 樞紐分析表樣式與版面配置

樞紐分析表 可以像圖表、表格一樣設定 **版面配置** 與 **樣式**，只要透過 **設計** **> 版面配置** 與 **樞紐分析表樣式** 功能區群組，點選相關指令即能套用系統預設的格式，讓 **樞紐分析表** 的外觀看起來更舒適。

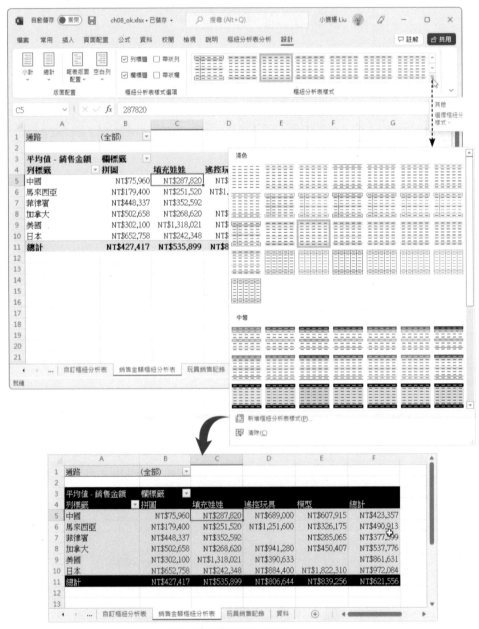

加上樣式的樞紐分析表

8-5　交叉分析篩選器

交叉分析篩選器 是一種篩選樞紐分析表資料的方法，它能以互動且直覺的方式篩選資料，並在篩選資料後清楚地指出表格所顯示的確切內容。

① **交叉分析篩選器標題**：會指出交叉分析篩選器中的項目類別。

② **未選取的篩選**：表示項目未包含在篩選中。

③ **選取的篩選**：表示項目包含在篩選中。

④ **清除篩選** 🔽 鈕：按下之後會經由選取交叉分析篩選器中的所有項目來移除篩選。

如果 **交叉分析篩選器** 中目前沒有顯示所有項目，可以透過捲軸捲動可見的項目；或者將滑鼠游標移到角落按住拖曳，調整交叉分析篩選器的大小與位置。我們可以在現有的樞紐分析表中建立交叉分析篩選器，還可以設定交叉分析篩選器的格式。

STEP1　請參照前面操作說明，建立一個樞紐分析表；執行 **樞紐分析表分析 > 篩選 > 插入交叉分析篩選器** 指令。

STEP2　出現 **插入交叉分析篩選器** 對話方塊，勾選想要篩選的項目，例如：☑ **製造地** 及 ☑ **通路**，按【確定】鈕。

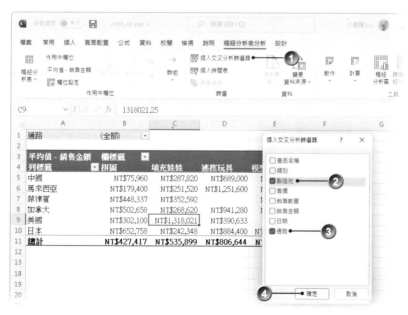

STEP3 在工作表中即會出現 **製造地** 及 **通路** 交叉分析篩選器。

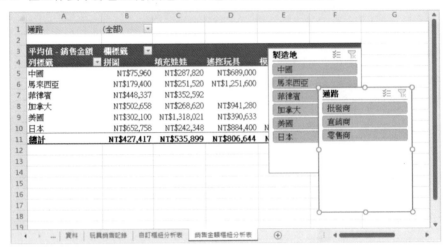

STEP4 點選 **交叉分析篩選器** 上想要篩選資料的按鈕,例如:加拿大、美國、批
發商;樞紐分析表中即會呈現篩選後的資料。

若要重新選擇篩選資料,請點選此鈕

STEP5 如果要刪除 **交叉分析篩選器**,請點選後按 Del 鍵。

8-6　走勢圖

　　走勢圖 是 Excel 2010 版本之後才有的功能,它是工作表儲存格中的「微小圖表」,可以提供資料視覺化的呈現方式,通常我們會將 **走勢圖** 放置於資料附近。使用 **走勢圖** 可顯示一系列數值的趨勢,例如:季節性增加或減少、經濟週期,或突顯最大及最小值。

STEP**1**　選取要放置走勢圖的儲存格 G6;執行 **插入 > 走勢圖 > 折線圖** 指令。

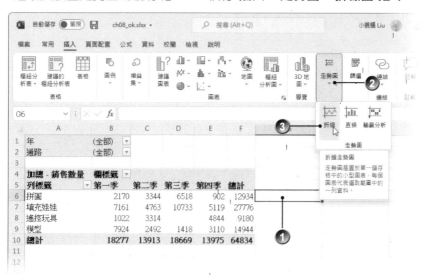

STEP**2**　出現 **建立走勢圖** 對話方塊,選擇或輸入 **資料範圍** 並確認 **位置範圍**,按
　　　　【確定】鈕,即會在儲存格內顯示資料的走勢圖。

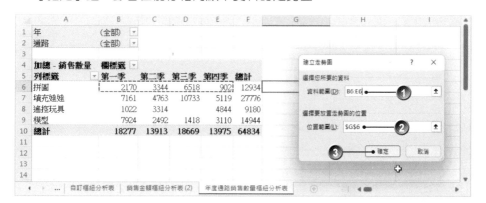

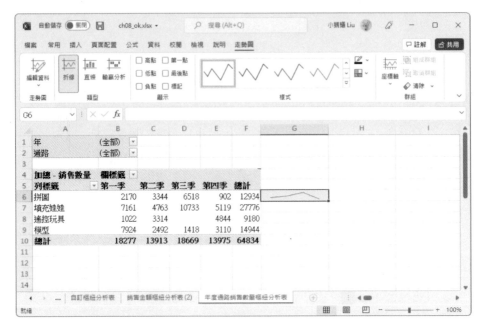

STEP3 也可以在步驟 1 執行 **插入 > 走勢圖 > 直條圖** 或 **輸贏分析** 指令，即會顯示不同的走勢圖效果。

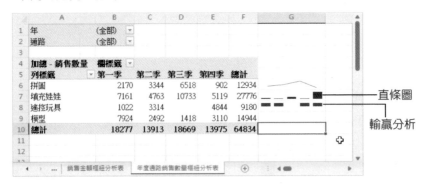

直條圖

輸贏分析

8-7 建立樞紐分析圖

報表的輸出方式有很多種，而統計圖表是最容易讓人接受的方式。Excel 將 **樞紐分析表** 與 **樞紐分析圖** 充分結合，可以快速地將 **樞紐分析表** 以統計圖表方式顯示，而且使用者還可以視需要直接使用滑鼠拖曳的方式，變更計算分析欄位，得到不同的顯示結果。

8-7-1 建立樞紐分析圖

　　樞紐分析圖 提供「動態檢視」的功能，讓使用者在建立 **樞紐分析圖** 的同時，隨時與 **樞紐分析表** 的資料連結進行同步更新，藉以保持資料的一致性與完整性。

STEP1 開啟一份已編輯完成的工作表，將儲存格游標移到表格中的任意位置；若已建立樞紐分析表，請執行 **插入 > 圖表 > 樞紐分析圖 > 樞紐分析圖** 指令。

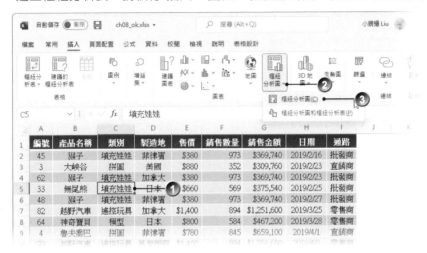

STEP2 出現 **建立樞紐分析表** 對話方塊，點選 ⊙ **選取表格或範圍** 選項；確認 **表格 / 範圍** 是否正確；點選 ⊙ **新工作表** 選項，按【確定】鈕。

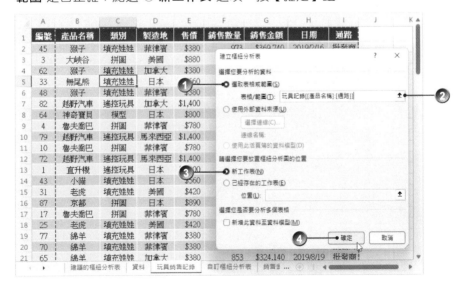

STEP3 回到 Excel 工作表中，畫面上會顯示 **樞紐分析圖欄位** 工作窗格，以及樞紐分析表、分析圖的位置；將 **製造地** 欄位，拖曳到 **列** 的位置；將 **類別** 欄位，拖曳到 **欄** 的位置；將 **銷售金額** 欄位，拖曳到 **Σ 值** 的位置；將 **通路** 欄位，拖曳到 **篩選** 的位置。

STEP4 新工作表中即會同時顯示樞紐分析圖與樞紐分析表。

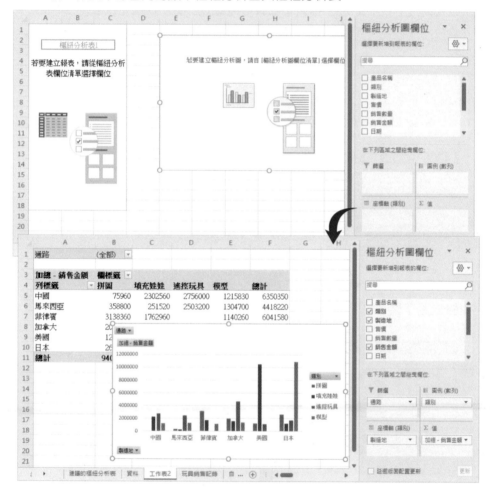

8-7-2 直接將樞紐分析表轉成樞紐分析圖

如果已經建立了 **樞紐分析表**，要如何以最快的速度產生 **樞紐分析圖** 呢？

STEP1 開啟先前所建立的樞紐分析表，將滑鼠游標移到表中的任意儲存格，執行 **樞紐分析表分析 > 工具 > 樞紐分析圖** 指令。

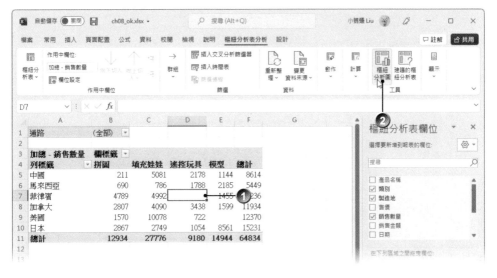

STEP2 出現 **插入圖表** 對話方塊，選擇所要繪製的圖表類型，按【確定】鈕。

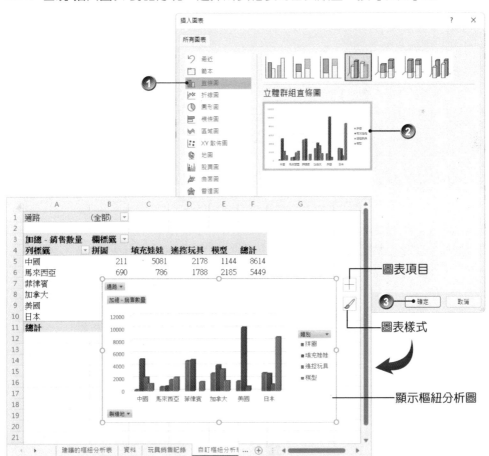

8-7-3 移動樞紐分析圖

為了方便閱讀，視需要可以將樞紐分析圖移動到其他（新）工作表。

STEP**1** 點選要搬移的樞紐分析圖，執行 **樞紐分析圖分析 > 動作 > 移動圖表** 指令。

STEP**2** 出現 **移動圖表** 對話方塊，點選 ⊙ **新工作表** 選項，輸入工作表名稱，按【確定】鈕。

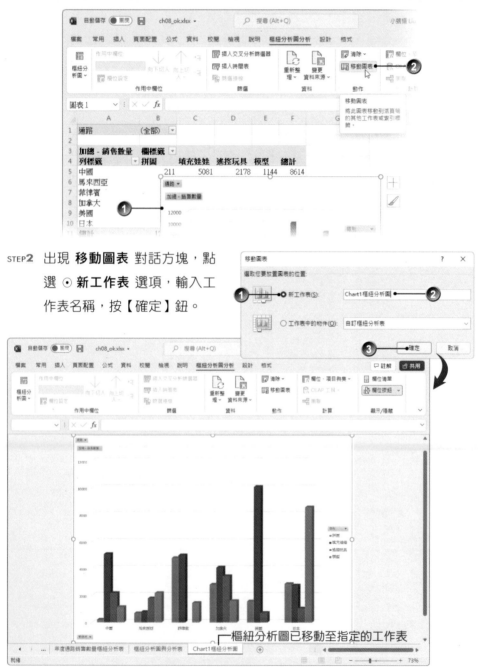

樞紐分析圖已移動至指定的工作表

建立PowerPoint簡報

身處在競爭激烈的時代，不論是個人或企業都講求精準和有效率的決策。因此，充分的溝通與良好的交流，是獲得成功不可缺少的要件。高效率的簡報成為不同會議型態的表現工具，如何利用短短幾分鐘的簡報，取得聽眾的認同，說服你的主管或吸引你的顧客，將是製作成功簡報最重要的課題。

9-1 編輯投影片

在 PowerPoint 建立簡報的方法主要有三種：開啟一份空白簡報、使用 Office 範本建立新簡報、開啟已存在的簡報然後進行修改。你可以視需要選擇最適當、有效率的方式來進行。本節將根據簡報內容的需要，說明如何進行投影片的增、刪、複製與分類。

9-1-1 新增與刪除投影片

製作簡報的過程中，不管事先的大綱規劃得多仔細，在進入細節內容的擬定時難免要修訂，因而需要新增或刪除投影片。

STEP1 開啟範例簡報（這份簡報是使用「旅行相片時間表」範本編修後所建立），選取第 1 張投影片，點選 **常用 > 投影片 > 新投影片 > 兩個內容** 指令。

STEP2 在第 1 張投影片之後會插入一張以 **兩個內容** 版面配置呈現的新投影片。

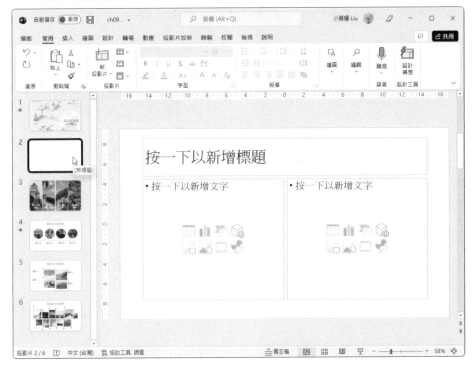

STEP3 切換到 **投影片瀏覽模式**，點選欲刪除之投影片（按 Ctrl 鍵可複選），按一
下滑鼠右鍵選擇 **刪除投影片** 指令；或按 Del 鍵，同樣能刪除指定的投影片。

投影片瀏覽模式

STEP**4** 在 **投影片瀏覽模式** 下，以滑鼠點選二張投影片之間的位置，會出現指示線，按一下滑鼠右鍵可以執行 **新增投影片** 或 **新增節** 指令。

指示線

9-1-2 投影片版面配置與檢視模式

如果要改變作用中投影片的版面配置，請執行 **常用 > 投影片 > 投影片版面配置** 指令，再從清單中挑選適合的版面。

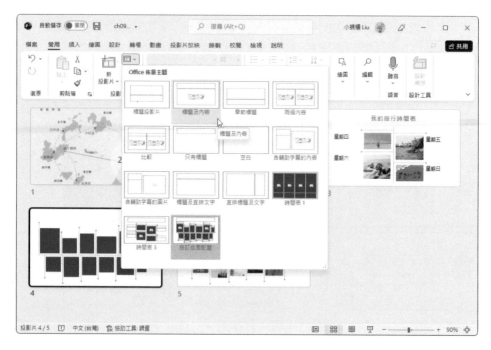

PowerPoint 主要有 5 種檢視模式，分別是：**標準模式、投影片瀏覽、閱讀檢視、投影片放映、備忘稿**，可以透過 **狀態列** 上的 **檢視模式** 鈕快速切換；也可經由 **檢視 > 簡報檢視** 功能區群組中的指令切換。

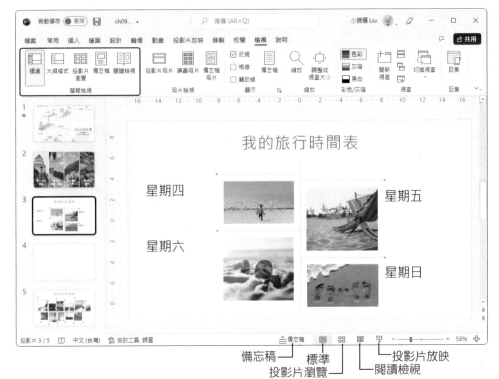

- **標準**：PowerPoint 預設的檢視模式，所有投影片編輯工作都可以在此模式下執行，點選左側的投影片縮圖即可切換到該投影片進行編輯。
- **投影片瀏覽**：會將所有的投影片以縮圖方式顯示，如此即能綜覽簡報中的所有投影片，方便新增、刪除與調整投影片順序；在這個檢視模式下，無法編輯投影片內容，於指定投影片上快按二下，可以快速切換到 **標準** 模式。
- **投影片放映**：將簡報內容以 **全螢幕** 方式播放，並顯示所有的轉場與動畫特效；放映過程中還能以 **畫筆** 加上螢幕註解。
- **大綱模式**：在這個模式之下，可以輕鬆撰寫及規劃簡報內容的結構。

● **備忘稿**：提供演講者輸入投影片的重點，作為簡報時的參考；也可以
列印出來作為聽眾的筆記，其內容在播放簡報的過程不會出現。**標準**
檢視模式下，可以在投影片編輯區下方的窗格輸入備忘稿內容。

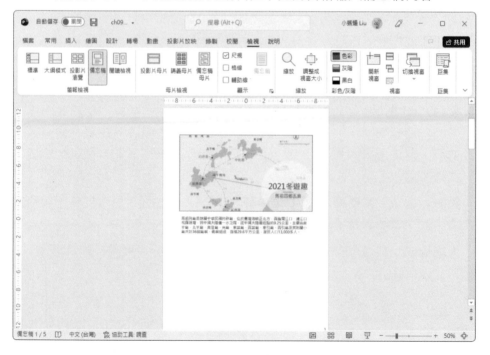

● **閱讀檢視**：可以在視窗中模擬投影片的放映，輕鬆瀏覽每頁投影片之間的轉場和動畫效果。

9-1-3 複製投影片

複製投影片 和 **新增投影片** 都會在相同的簡報檔案中增加 1 張投影片，二者的差別在於 **複製投影片** 可以在簡報中新增和現有投影片內容完全相同的投影片。當新投影片和現有投影片的內容相似時，「複製」是比較省時的方式。

STEP**1** 切換到 **投影片瀏覽** 模式，選取要複製的投影片（可複選），先按住 `Ctrl` 鍵，再按下滑鼠左鍵拖曳投影片縮圖到要放置的位置，相鄰投影片會自動讓出空間讓你放置複製的投影片。

STEP**2** 先放開滑鼠按鍵，再放開 `Ctrl` 鍵，即可完成投影片的複製。

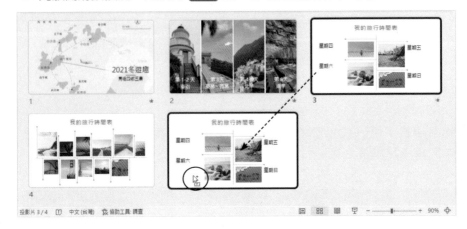

如果對使用滑鼠拖曳方式的操作不那麼熟悉，也可以點選要複製的投影片之後，按一下滑鼠右鍵執行 **複製投影片** 指令，或執行 **常用 > 投影片 > 新投影片 > 複製選取的投影片** 指令。

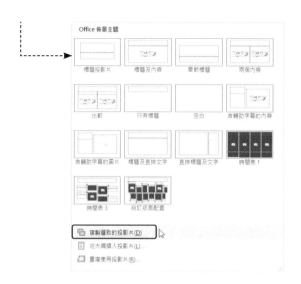

9-1-4 為投影片組織章節

透過 **投影片章節** 功能可以輕鬆組織投影片,就如同使用資料夾整理檔案一樣,方便你在投影片較多的簡報中,以展開或收合章節的方式快速瀏覽簡報內容。

STEP1　切換到 **標準模式**,在二張投影片縮圖之間要新增章節的位置,例如:第 1 和第 2 張投影片之間,按一下滑鼠右鍵選擇 **新增節** 指令;或先點選第 2 張投影片再執行 **常用 > 投影片 > 章節 > 新增節** 指令。

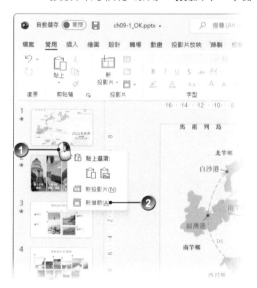

STEP**2** 在第 1 和第 2 張投影片間出現新的章節，第 2 張投影片之前會自動產生「預設章節」，並將第 1 張投影片加入；出現 **重新命名章節** 對話方塊，輸入名稱，按【重新命名】鈕。

自動產生「預設章節」

作用中章節的投影片縮圖會呈現紅色外框

STEP**3** 重複上述步驟，繼續為其他投影片「新增節」或重新命名，完成投影片的章節分類，在 **投影片瀏覽** 模式下檢視結果。

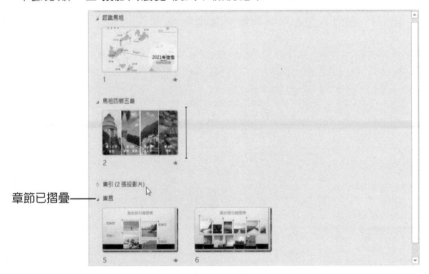

章節已摺疊

投影片章節 可以藉由按一下滑鼠右鍵的方式，進行上、下移動或移除；點選章節符號可摺疊或展開內容。

也可以透過功能區「投影片」群組中的指令執行相關操作

選取的章節名稱呈現紅色

點選這個符號可以展開或摺疊投影片

9-2 投影片的文字類別

在投影片中產生文字的方式主要有 3 種：**版面配置區文字**、**文字方塊** 及 **快取圖案** 文字。無論採用哪一種方式，都可以套用 **文字藝術師** 樣式而變得生動有趣。

9-2-1 版面配置區文字

版面配置區（或稱為 **位置框**）會根據你所選用的版面配置，而有文字、標題、圖表、表格、智慧圖形和圖片…等位置框，不同的 **範本** 與 **佈景主題** 會有不一樣的 **版面配置區**。你可以視狀況調整版面配置區的大小、位置或進行格式化設定。

套用文字藝術師樣式和文字效果的文字

STEP**1** 開啟範例之後，選取第 3 張投影片，這是一張已套用 **兩個內容** 版面配置的投影片。

STEP**2** 點選 **項目清單版面配置區** 的文字，提示文字會消失，出現插入點游標。

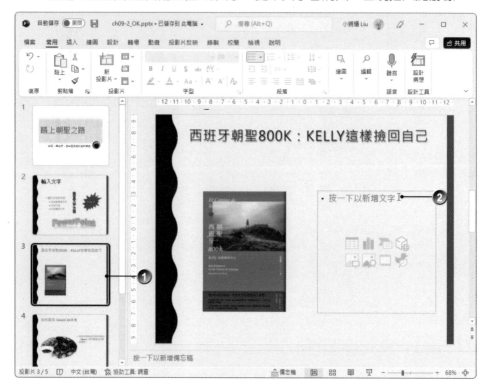

STEP**3** 輸入所需的項目內容，按 ⎵Enter 鍵即可換到下一段落。

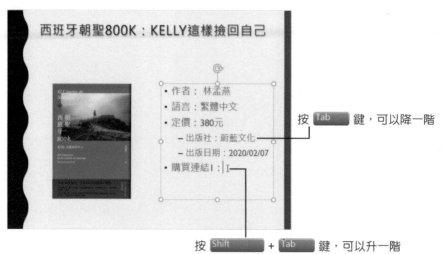

按 Tab 鍵，可以降一階

按 Shift + Tab 鍵，可以升一階

STEP4　當文字已佔滿文字框時，繼續按 ⬅ Enter 鍵，位置框中的文字會自動縮小，以便適合文字框的大小，此時也會出現 **自動調整選項** ⊞ 鈕。

STEP5　如果不希望 PowerPoint 自動調整文字大小，可以點選 **自動調整選項** ⊞ 鈕展開清單，選擇 **停止調整文字到版面配置區** 指令。

　　透過 **版面配置區** 中所輸入的文字（**標題**、**副標題** 或 **項目符號清單**…等）有一個特色：當你切換到 **大綱模式** 檢視時，它們會顯現出來，所以可以直接編輯；此外，還可以將其匯出到 Word 文件，這一項是使用 **文字方塊** 或 **快取圖案** 輸入文字所沒有的特色。

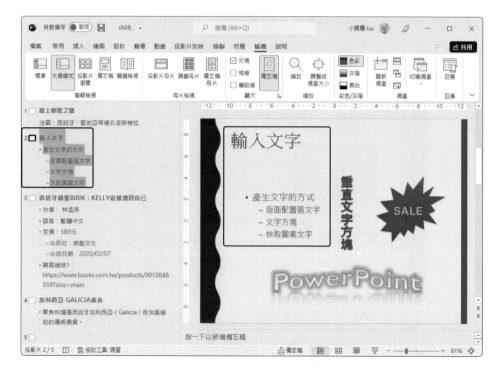

9-2-2 使用文字方塊

　　第二種產生文字的方式是插入 **文字方塊**，它沒有版面配置區域的限制，可以將文字放在投影片的任何地方，**文字方塊** 本身或內文也可以再格式化。

STEP**1** 選取第 4 張投影片之後，執行 **插入 > 文字 > 文字方塊 > 繪製水平文字方塊** 指令。

STEP2 出現十字游標，在要產生文字方塊的位置上點選並拖曳繪出文字方塊，會出現一個方框及插入點，請輸入文字內容。可以再視需要拖曳控制點，調整文字方塊的尺寸。

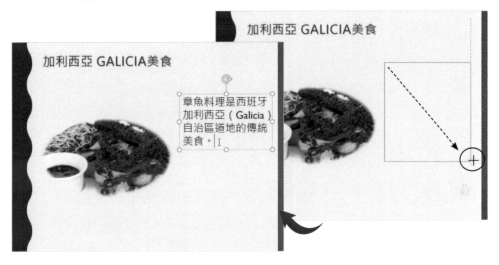

9-2-3 在快取圖案上輸入文字

簡報內容中除了有文字外，有時還會加上一些圖案、箭號、流程圖⋯等。當你在 **快取圖案** 中輸入文字後，文字會隨著圖案一起移動或旋轉。

STEP1 選取第 5 張投影片，點選投影片中的 **快取圖案**，使其呈現選取狀態，按一下滑鼠右鍵，執行 **編輯文字** 指令。

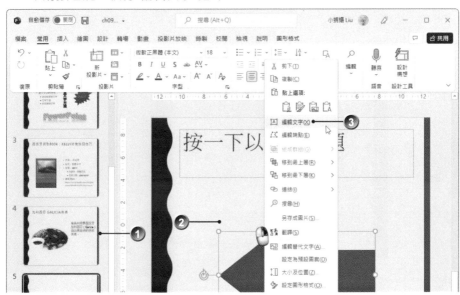

STEP**2** 在圖案上直接輸入要呈現的文字。

STEP**3** 如果輸入文字的過程中需輸入特殊符號，其操作方法與 Word 相同，只要執行 **插入 > 符號 > 符號** 指令，透過 **符號** 對話方塊輸入即可。

STEP**4** 輸入文字之後，點選快取圖案，按一下滑鼠右鍵，執行 **設定圖形格式** 指令，可以透過 **設定圖形格式** 工作窗格調整 **圖案選項** 與 **文字選項**。

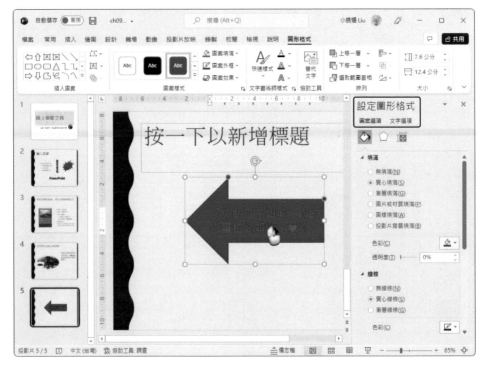

說明

無論使用哪一種方式輸入簡報的文字內容，都可透過 **圖形格式 > 文字藝術師樣式** 功能區群組中的 **快速樣式** 和各種效果進行格式化。

9-3 設定投影片大小

Microsoft 365 之後的 PowerPoint 預設的 **投影片大小** 為 **寬螢幕 (16:9)**，是為了因應當今的寬螢幕，以及新一代的投影機投射所設計。因此，簡報範本也有 **寬螢幕 (16:9)** 和 **標準 (4:3)** 的分別，無論選擇哪一種，簡報完成後都可以透過功能區指令變更。

STEP1 開啟要變更投影片大小的簡報，執行 **設計 > 自訂 > 投影片大小** 指令。

STEP2 清單中有二個簡報大小的指令，因為目前為 **標準 (4:3)** 簡報，所以請選擇 **寬螢幕 (16:9)** 指令。

已將簡報內的投影片變更為標準大小

STEP3 如果是將 **寬螢幕 (16:9)** 簡報變更為 **標準 (4:3)**，會出現下圖的訊息，詢問你要選擇什麼方式調整投影片大小？因為由大面積縮小，建議選擇【確保最適大小】鈕，如此才能完整呈現簡報內容。

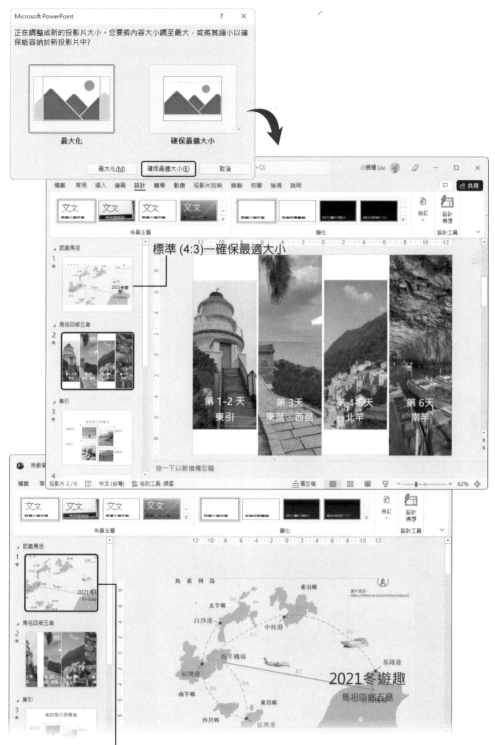

標準 (4:3)—確保最適大小

標準 (4:3)—最大化，很多內容已超出投影片所能呈現的範圍

9-4 使用多媒體檔案

提到多媒體簡報，動畫影片和音效是絕對不可少的，否則很難吸引觀眾的注意。你可以插入自備的影音檔案，或從 Office.com 上擷取豐富的線上視訊和音訊，只要在不違反著作權的條件下，你可以隨時連上 Internet 擷取、運用。

9-4-1 插入視訊

在投影片中插入影片檔案的方式主要有二種：一是在連線狀態之下，可以從「線上」搜尋並選取視訊後插入；其二是從自行準備的影音檔案中選取後置入。另外，還可以使用「內嵌」或「連結」方式插入多媒體。

插入自備的視訊檔案

以「插入」方式處理，不用擔心發表簡報時找不到檔案而無法播放，但會使簡報檔案變大；以「連結」方式處理，則可以減少簡報檔案的大小。

STEP1　開啟範例，選取第 5 張投影片，執行 **插入 > 媒體 > 視訊 > 此裝置** 指令，或從版面配置位置框中點選 **插入視訊** 鈕。

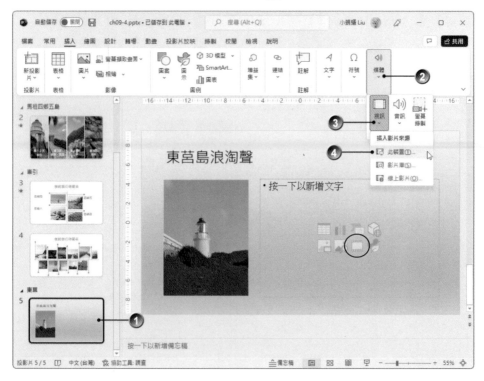

STEP2 出現 **插入視訊** 對話方塊,選取要插入的影片檔案,按【插入】鈕。

STEP3 影片檔已置入到簡報中,可以像一般物件的處理方式調整大小及位置。

STEP4 執行 **視訊格式 > 預覽 > 播放** 指令,或按一下影片下方 **播放列** 中的 **播放** 鈕,即可開始播放。

STEP5 透過 **播放 > 視訊選項** 功能區群組中的相關指令，可以更改播放方式、音量大小…等進階設定。

影片正在播放中

> 🎙 **說明**
>
> 若在步驟 2 時，選擇 **連結至檔案**，會在投影片中連結外部的影片檔，因此能夠縮減簡報檔案大小。此時，建議你將影片與簡報存放在同一資料夾中保管，避免播放簡報時忘記打包影片檔案，而發生遺失連結造成無法播放的遺憾。

編輯影片

將視訊檔案置入到簡報之後，可以透過 **視訊格式 > 調整** 與 **視訊樣式** 功能區群組中的相關指令，美化影片外觀。

除了美化影片外，還可以透過 **播放 > 編輯 > 修剪視訊** 指令，透過 **修剪資訊** 對話方塊，修改影片長度。

設定播放選項

起點　　　　　　　　終點
直接拖曳修改影片的長度

9-4-2 插入聲音檔案

在非正式的簡報場合中，如果有悅耳的音樂作陪襯，氣氛會更舒適，因此背景音樂的選擇也很重要，但切記不要喧賓奪主，以免失去了簡報的意義。

插入音訊

如同插入視訊檔案一樣，你可以執行 **插入 > 媒體 > 音訊 > 我個人電腦上的音訊** 指令，出現 **插入音訊** 對話方塊，選擇檔案所在位置，點選要使用的檔案，按【插入】鈕，置入自己的音效檔案。

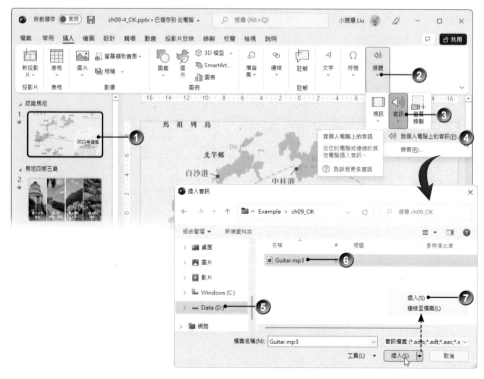

聲音檔案置入簡報後，可調整聲音圖示的位置，當播放到該投影片時，預設會以「按一下」的方式播放音樂。若不希望簡報播放時，看到聲音圖示，請點選聲音圖示後，勾選 **播放 > 音訊選項** 的 ☑ **放映時隱藏** 核取方塊。

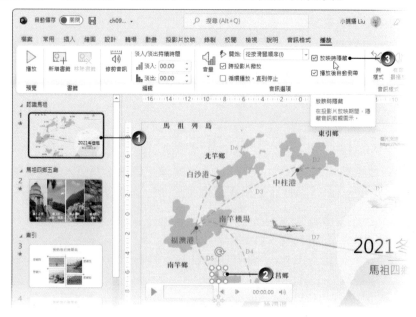

插入錄音

你可以錄下某些投影片的內容說明以製作「旁白」，旁白音效會自動內嵌於該投影片中，執行之前請先將麥克風安裝妥當。

STEP1 選取要錄製旁白的投影片，執行 **插入 > 媒體 > 音訊 > 錄音** 指令。

STEP2 出現 **錄音** 對話方塊，在 **名稱** 欄位中輸入這段錄音的名稱，接著拿起麥克風，按 **錄製** ◉ 鈕，開始錄音。

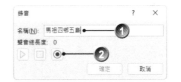

STEP3 錄製完成後，按 **停止** □ 鈕，此時出現此錄音檔的時間總長度，按 **播放** ▷ 鈕試聽，沒問題請按【確定】鈕。

STEP4 聲音插入投影片後，可以調整錄音圖示的位置，透過 **播放 > 音訊選項** 功能區群組中的指令，控制其播放方式。

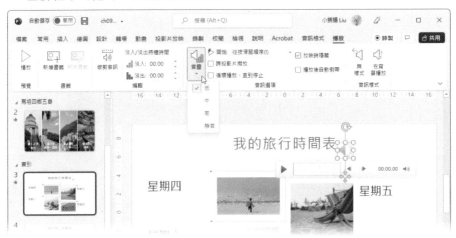

9-5 建立相簿

　　透過 PowerPoint 新增相簿 功能可以快速建立個人相片或商用相片簡報，使用前請先將相片準備妥當並存放在個人電腦的硬碟、隨身碟或雲端。

STEP1 啟動 PowerPoint 之後，先新增一份空白簡報，再執行 **插入 > 影像 > 相簿 > 新增相簿** 指令；出現 **相簿** 對話方塊，按【檔案 / 磁碟片】鈕。

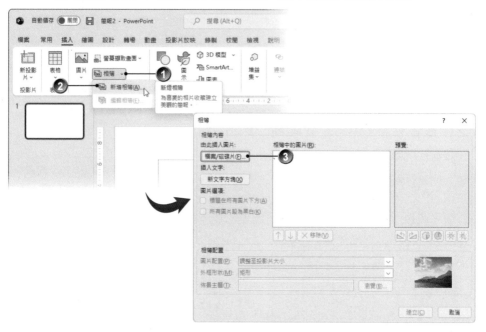

STEP2 出現 **插入新圖片** 對話方塊，找到存放相片的位置，選擇所需的影像（可搭配 `Ctrl` 或 `Shift` 鍵複選），按【插入】鈕。

STEP3 回到 **相簿** 對話方塊，所選取的相片會顯示在 **相簿中的圖片** 中，右側可以預覽 影像內容。如果勾選影像前方的核取方塊，可以使用 **上移** ↑ 或 **下移** ↓ 調整在簡報中呈現的順序；若按【移除】鈕則是將其從簡報中刪除。

STEP4 如果要事先調整影像的 **方向**、**亮度** 或 **對比**，可以點選單一影像後透過 **預覽** 下方的工具鈕來設定；此外，如要調整影像在相簿簡報中的 **圖片配置** 方式，請透過清單選擇，完成後按【建立】鈕。

STEP5 PowerPoint 會以新增方式建立相簿簡報，裡面會包含你所選擇的相片，你可以再視需求調整相片、投影片版面配置、輸入文字內容。

自動帶入 Microsoft 365 的使用者名稱

自動新增的標題投影片

若要重新調整相片版面配置、外框形狀…等，可以執行 **插入 > 影像 > 相簿 > 編輯相簿** 指令，在 **編輯相簿** 對話方塊設定。

9-6 簡報設計工具—設計構想

　　使用 Microsoft 365 PowerPoint 的讀者，進行本章所說明的編輯作業時，偶爾會發現視窗右側會自動顯示 **設計構想** 工作窗格。它會在背景後執行，智慧的判斷尋找與該內容相符的專業設計版面配置；當你開始在空白投影片輸入文字、插入相片、組織圖…等，**設計構想** 工作窗格裡會顯示如何搭配以產生最佳視覺效果的建議清單。

> **說明**
>
> 第一次使用 **設計構想** 時，可能會要求你取得授權許可，請按【開啟】鈕。

STEP**1** 延續上節範例，為了方便說明，先執行 **設計 > 自訂 > 設定背景格式** 指令，透過 **設定背景格式** 窗格變更投影片的背景色彩，按【全部套用】鈕。

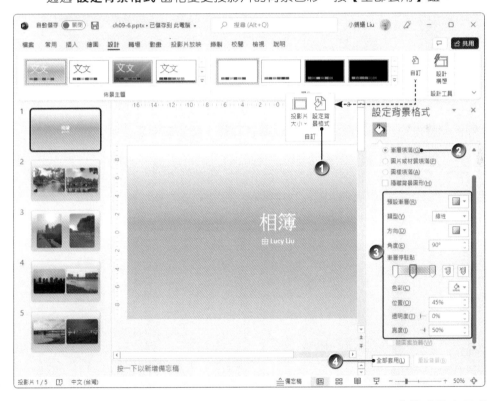

STEP**2** 執行 **常用 > 設計工具 > 設計構想** 指令，即能透過清單選擇喜歡或符合需求的版面配置。

STEP3 如果套用之後不滿意，可以按 Ctrl + Z 鍵或執行 **常用 > 復原** 指令。

　　如果你的投影片中不單只有相片，還有標題、其他的內文…等，設計構想窗格中也會有相應的配置方式，請參考下圖。

投影片佈景、母片、動畫與 轉場效果

製作簡報的過程中，維持簡報外觀的一致性是很重要的環節。這一章我們將介紹如何套用不同的 **佈景主題**，讓你快速地改變一份簡報的外觀；以及有關投影片動畫及轉場效果的設定。此外，**母片** 的概念也很重要，**母片** 除了可以控制投影片的外觀之外，也是自訂簡報範本的基礎。

10-1 改變簡報的佈景主題

使用 PowerPoint 製作簡報最大的特色，就是能使簡報呈現一致的外觀；而改變投影片外觀最快的方式就是換一種 **佈景主題**。這些 **佈景主題** 會包括簡報中所使用的樣式，例如：項目符號、字型、字體大小、版面配置區的大小及位置、背景圖案的設計和色彩配置；非版面配置區內的物件，例如：文字方塊、自行插入的圖形物件⋯等，其格式也會受佈景主題的規範。

10-1-1 套用不同的佈景主題

無論是使用哪一種方式建立簡報、選用什麼範本，之後都可以變更，操作方法既簡單又快速。

STEP**1** 開啟範例，點選第 4 張投影片，在 **設計 > 佈景主題** 中選擇一個套用的主題，或按展開 **其他** 鈕挑選，可立即預覽套用不同佈景主題的結果。

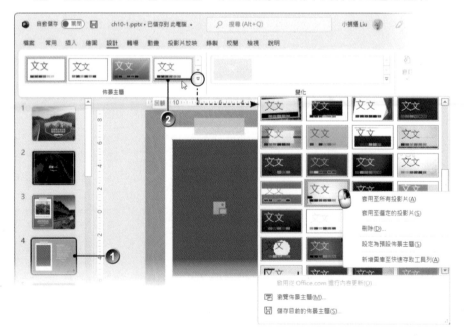

STEP2 在要套用的主題上按一下滑鼠右鍵，於快顯功能表中點選 **套用至選定的投影片** 指令，第 4 張投影片已套用新的佈景主題。

STEP3 每一種佈景主題還能搭配不同的 **變化**，像是不同的 **色彩**、內文的字型配搭、效果、背景樣式。請從 **變化** 功能群組中立即預覽不同樣式套用的結果，然後在要使用的樣式縮圖上按一下滑鼠右鍵，選擇要套用的方式。

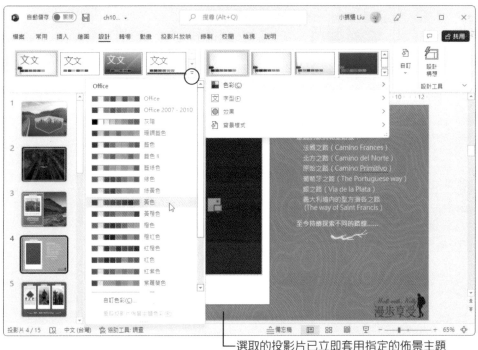

選取的投影片已立即套用指定的佈景主題

如果有多張投影片要套用同一種設計,請先切換到 投影片瀏覽 模式,搭配 Ctrl 鍵選取多張投影片,再執行步驟 2。若是直接點選要套用的 佈景主題,預設值會套用至所有的投影片。

10-1-2 改變投影片的背景

背景 及投影片的 **佈景主題色彩** 二者和顏色有關,都能針對特定一張投影片,或整份簡報做修改。它們之間的不同點在於:投影片的 **佈景主題色彩** 針對的是所有和色彩有關的項目;而 **背景** 只針對投影片背景(不包含投影片中的各項物件)。一般在套用 **佈景主題** 時,所有投影片預設有相同的格式,透過 **設計 > 變化 > 背景樣式** 指令,可以修改投影片的背景樣式,也能使某幾張的背景不同於其他投影片。

└── 在背景樣式上按一下滑鼠右鍵,選擇要套用的範圍

套用背景樣式至「符合的投影片」，也就是使用同一佈景主題的投影片

除了套用現有的背景樣式之外，也可以在 **設定背景格式** 工作窗格中設定自己專用的背景樣式—套用單色或漸層、貼上圖片、材質及圖樣。

STEP1 開啟範例之後，執行 **設計 > 自訂 > 背景格式** 指令，出現 **設定背景格式** 工作窗格。

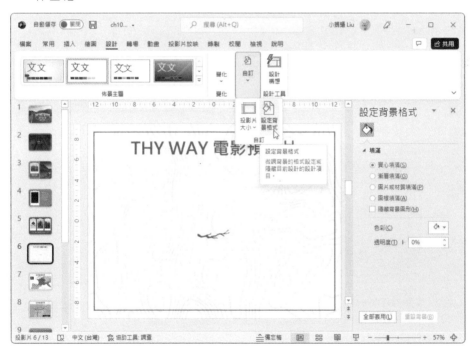

STEP**2** 在 **填滿** 標籤中選擇要填滿的方式,選擇並完成細部設定後可立即預覽效果,不滿意可再調整,按【重設背景】鈕可還原設定。

STEP**3** 有些佈景主題含有背景圖片,此時在 **設定背景格式** 工作窗格中勾選 ☑ **隱藏背景圖形** 核取方塊,可將背景圖片隱藏。

STEP**4** 預設會將效果套用在目前選取的投影片上,若按【全部套用】鈕會套用到所有投影片,不再設定可按 **關閉** × 鈕。

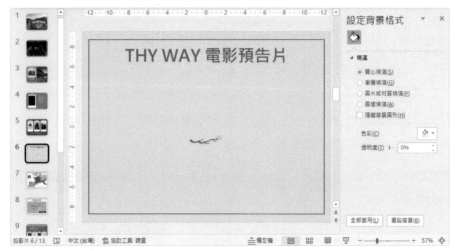

實心填滿

漸層填滿

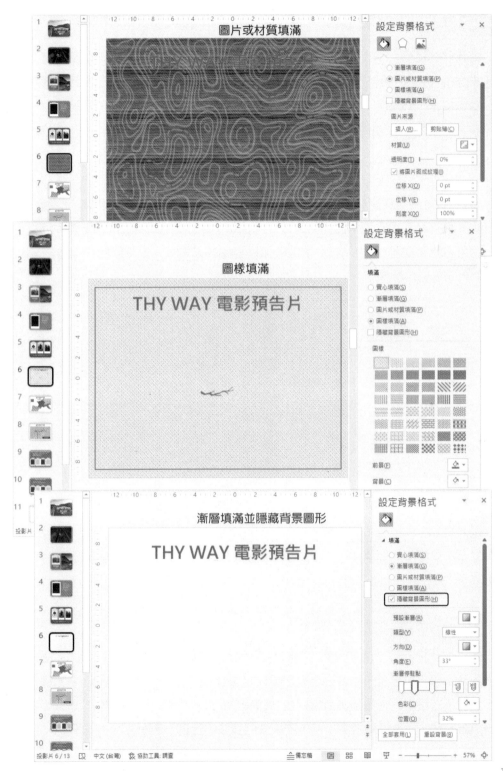

10-2 使用投影片母片

　　當我們在投影片中改變版面配置，或重新選用佈景主題時，PowerPoint 簡報都能維持一致的外觀，其主要的因素就在於 **母片**。當你將投影片母片儲存為單一範本檔時，其實就是在建立 **範本**，投影片上的文字與物件位置、背景、色彩、效果…等資訊都會被記錄在 **母片** 之中。

10-2-1 認識母片

　　母片 的預設版面配置中，包含 **標題**、**主體文字**、**日期 / 時間**、**頁碼** 和 **頁尾**…等 5 種基本配置區域。這些配置框中的提示文字並不會真正顯示在簡報中，它們的用途是在定義 **樣式**。通常會選取這些對應的配置框，以便設定文字的格式，使其真正套用至簡報。

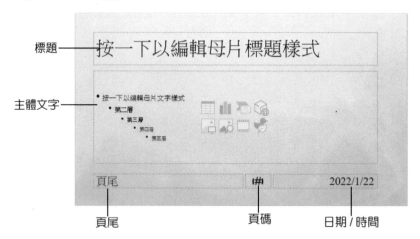

由此可知，使用母片的目的，是為了進行簡報整體的設計與變更。母片的所有類型中，最重要的就是 **投影片母片**，而 **講義母片** 與 **備忘稿母片** 的設定方法與 **投影片母片** 類似，讀者可以自行練習。

10-2-2 投影片母片

　　簡報製作過程中，用來規範大部分投影片內容、屬性與版面配置的就是 **投影片母片**。針對投影片母片的設定作變更時，會反映在母片的 **版面配置** 中，而簡報內的所有投影片會依據其所選用的 **版面配置** 方式調整格式，例如：變更字型、項目符號、插入標誌圖案，或變更版面配置區的位置、大小與格式…等。

STEP**1** 進入投影片母片的編輯模式。開啟範例後,執行 **檢視 > 母片檢視 > 投影片母片** 指令。

STEP**2** 進入 **母片檢視** 模式並自動切換到 **投影片母片** 索引標籤,左側工作窗格中會出現一組母片。

STEP**3** 要關閉 **母片檢視** 模式,請執行 **投影片母片 > 關閉 > 關閉母片檢視** 指令,即可回到 **標準檢視** 模式。

投影片母片

標題投影片版面配置　　標題及內容版面配置
　　　章節標題版面配置

說明

套用不同的 **佈景主題** 或 **設計範本** 時,其母片的版面配置和母片數目也會不同。將滑鼠指到各種版面配置的投影片母片上,會顯示目前被哪一張投影片所使用或還沒有使用到。

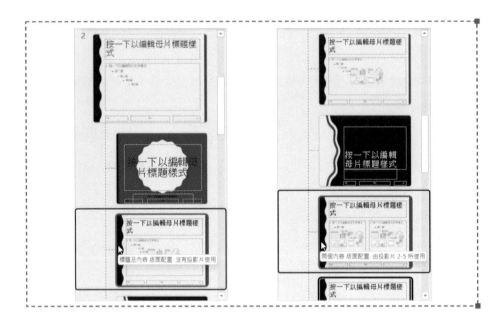

10-2-3 編輯投影片母片

在 **投影片母片** 檢視模式中，所有的編輯方式與在 **標準模式** 下完全相同。你於其中所輸入的文字、繪製的圖形或插入的美工圖案，都會反映在 **投影片母片** 相關的 **版面配置** 中；也可以重新設定文字格式與對齊方式。

STEP**1** 進入 **投影片母片** 檢視模式在左側窗格中點選要編輯 **投影片母片** 縮圖。

STEP**2** 點選如圖所示的標題樣式，透過 **常用 > 字型** 設定文字大小與字型，**常用 > 段落** 設定文字的對齊方式。

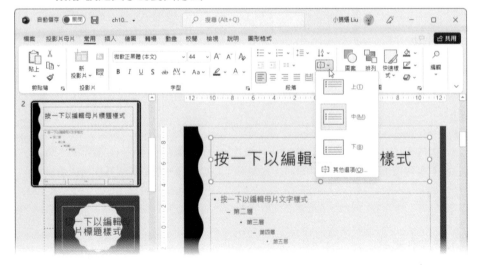

STEP**3**　也可以變更文字層級的項目符號，請參考下圖。

STEP**4**　如果要在母片中加上固定的 LOGO，請執行 **插入 > 影像 > 圖片 > 此裝置** 指令，選擇要置入投影片的圖形。

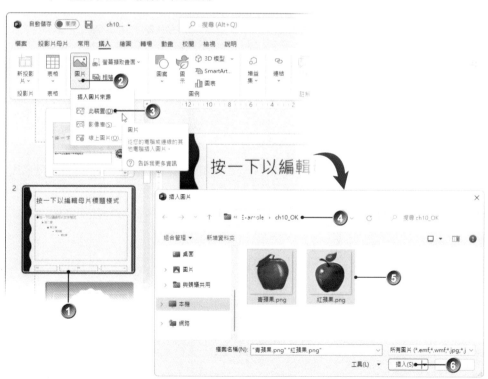

STEP**5** 調整圖形大小，然後點選後拖曳到要擺放的位置。

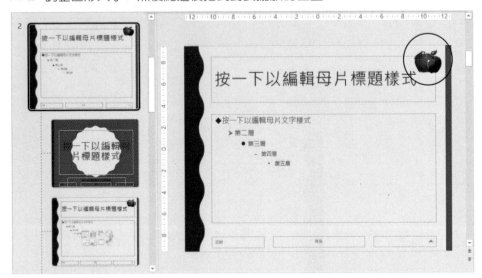

STEP**6** 切換至 **投影片瀏覽** 模式，所有使用相同母片的投影片，都會顯示所設定的內容。

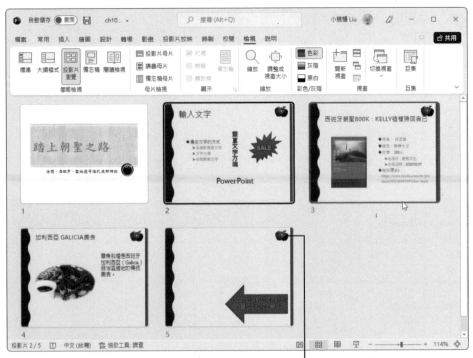

投影片中會出現相同的圖形與文字格式

說明

視需要也可以在 **投影片母片** 中插入 **文字方塊、頁首 / 頁尾、日期 / 時間、投影片標號**…等內容，但請記得別設計的太花俏而影響閱讀哦！

10-3 設定投影片的動畫效果

在簡報中加入視訊可以使枯燥的內容增色不少，但是簡報檔案的大小會增加許多，因而影響播放效率。為此 PowerPoint 已預設一些 **動畫** 效果供你選擇、設定之後快速套用。

10-3-1 套用動畫效果的基本程序

PowerPoint 中 **動畫** 的設定方式，讓簡報設計者更能發揮創意。基本上，無論是文字、圖案或圖表…等物件，在設定程序上，都少不了下列幾個步驟：

STEP**1** 先選取要加上動畫的物件（可以是文字、圖形物件、視訊或音訊），執行 **動畫 > 動畫**（或 **動畫 > 進階動畫 > 新增動畫**），從動畫效果中選取內建的一種效果並預覽後，選擇要設定的項目。

STEP**2** 設定動畫後，可再由 **效果選項** 中變更 **方向** 或 **順序**…等屬性。

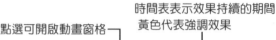

點選可開啟動畫窗格

時間表表示效果持續的期間
黃色代表強調效果

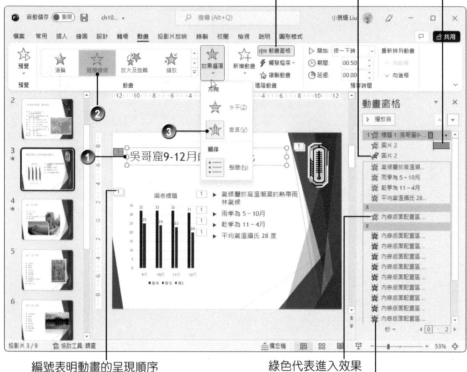

編號表明動畫的呈現順序

綠色代表進入效果
紅色代表離開效果

STEP3 若要在同一個物件上套用多種動畫效果，可於選取物件後，再執行 **動畫 > 進階動畫 > 新增動畫** 指令，從清單中選擇要設定的動畫效果。

STEP4 動畫項目將依套用效果的順序，在 **動畫窗格** 中由上到下顯示。

STEP5 如果要進一步調整與設定效果，可點選效果項目旁的 **展開** 鈕，或在 **動畫 > 預存時間** 功能區群組中進行調整。

重新調整效果
出現的順序

變更效果選項

10-3-2 新增動畫效果至物件

PowerPoint 可以針對投影片中所插入的物件做特效處理，不管是圖形、文字或段落，甚至影訊、音訊…等都可以搭配特效，使簡報播放更熱鬧！這裡所說的 **特效** 是指文字或圖形物件的出場方式、順序，結束方式或是強調視覺效果的設定。

STEP **1** 開啟範例後選取第 5 張投影片，先點選「標題」物件，再執行 **動畫 > 進階動畫 > 新增動畫 > 其他進入效果** 指令。

STEP2 出現 **新增進入效果** 對話方塊,進入效果共
　　　有 **基本**、**輕微**、**溫和**、**華麗** 4 種類別,任選
　　　一種效果立即在投影片中預覽,覺得滿意後
　　　按【確定】鈕。

STEP3 點選最右側的圖片,先新增 **隨機線條** 的 **進
　　　入** 效果,再新增 **蹺蹺板** 的 **強調** 效果。開
　　　啟 **動畫窗格** 檢視設定結果。

步驟 2、3 新增的動畫效果

STEP4 選取第 4 張投影片的「項目清單」文字物件，設定 **擦去** 的 **進入** 效果，並將 **方向** 改為 **自左**；在 **動畫窗格** 中逐一點選每個項目清單動畫，將 **動畫 > 預存時間 > 開始** 改為 **隨著前動畫**，讓文字清單可以依序進入。

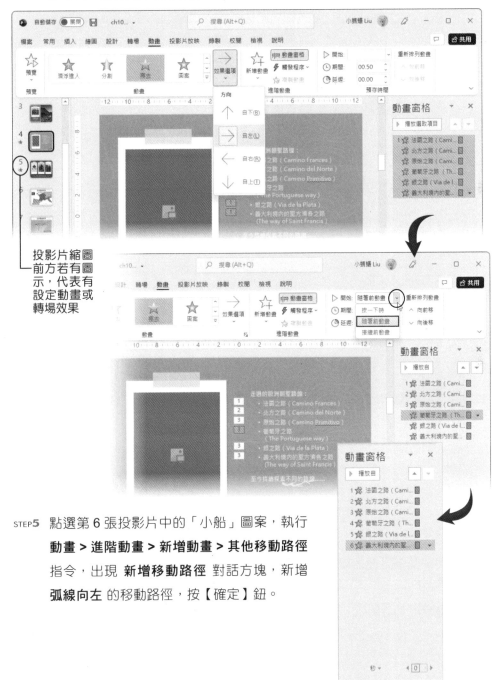

投影片縮圖前方若有圖示，代表有設定動畫或轉場效果

STEP5 點選第 6 張投影片中的「小船」圖案，執行 **動畫 > 進階動畫 > 新增動畫 > 其他移動路徑** 指令，出現 **新增移動路徑** 對話方塊，新增 **弧線向左** 的移動路徑，按【確定】鈕。

綠色三角形為路徑起始點

紅色則為路徑終點

STEP6 在產生的弧線路徑上按一下滑鼠右鍵，選擇 **編輯端點** 指令；拖曳終點到如圖所示的位置，再按住 `Ctrl` 鍵在線段上新增端點，分別點選端點、線條調整線段，結果如下圖所示。

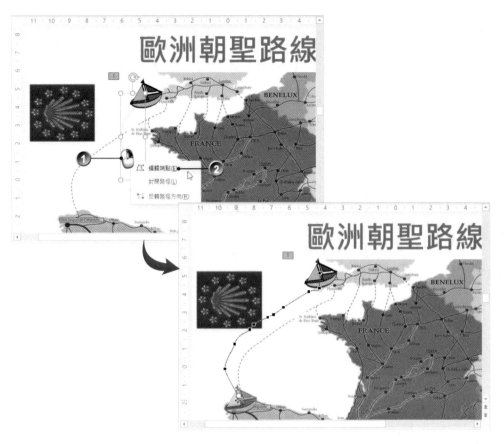

STEP7 點選 **動畫窗格** 中的路徑動畫，按右側的 **展開** ▾ 鈕，執行 **效果選項** 指令；在 **弧線向左** 對話方塊中設定相關屬性，按【確定】鈕。

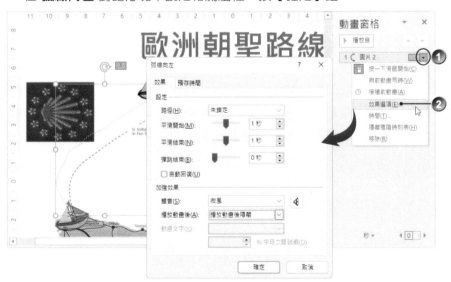

STEP**8** 完成投影片的動畫設定之後，可以切換到 **投影片放映** 模式，觀看整體的效果。

説明

提醒你，不同的物件類型的動畫項目，在進入 **效果選項** 對話方塊時，可以設定的屬性不盡相同，但都能參考上述方法操作。

10-3-3 動畫播放時機與音效控制

新增動畫時，預設啟動的動畫效果的方式都是「按一下」，表示進入 **投影片放映** 模式時，必須以「按一下滑鼠」的方式控制物件的 **進入、強調** 或 **結束** 動畫。如果希望某些動畫能依照指定的間隔時間播放、與前一個動畫同時或依順序播放，可以透過 **動畫 > 預存時間** 功能群組指令設定。

簡報中有加上音效時，比較常碰到的問題是聲音無法循環播放，或是無法持續到簡報結束，除了可以由 **音訊工具 > 播放 > 音訊選項** 功能區群組指令控制音效的播放之外，也可以從聲音物件的 **效果選項** 來控制。

STEP1 選取第 1 張投影片,從 **動畫窗格** 清單中點選聲音動畫的 **效果選項** 指令。

STEP2 出現 **播放音訊** 對話方塊,在 **效果** 標籤中,預設的 **開始播放** 為 ⊙ **從開始** 選項;**停止播放** 請設定為 ⊙ **在 999 張投影片之後** 選項。

STEP3 切換到 **預存時間** 標籤,設定音效 **開始** 的時間點為 **隨著前動畫**,於 **重複** 下 拉式清單中選擇 **直到最後一張投影片** 項目,按【確定】。

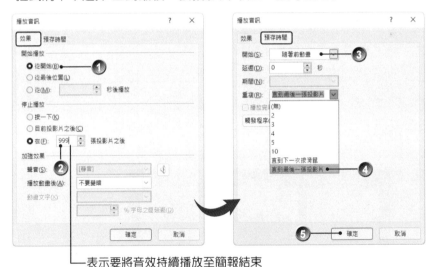

└─表示要將音效持續播放至簡報結束

STEP4 選取音效物件圖示,在 **音訊工具 > 播放 > 音訊選項** 功能區群組中設定 **音量** 大小,勾選 ☑ **放映時隱藏**、☑ **播放後自動倒帶** 核取方塊,即完成音效的選 項設定,音效會持續到簡報結束。

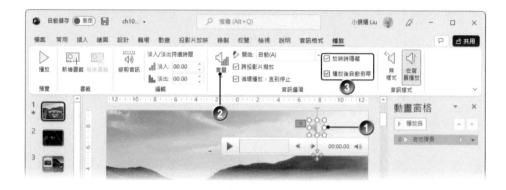

如果投影片中有插入聲音物件作為背景音樂，當物件的動畫效果也加上音效時，二者的音效會同時存在，可以設定讓聲音物件暫停播放。

10-3-4 複製動畫設定

簡報中若有多個物件要套用相同的動畫效果，不需要再一個一個重複設定了，使用 **複製動畫** 功能就能將一個物件的動畫複製到另一個物件。

STEP1 選取第 5 張投影片，點選想要複製動畫的來源物件，例如：左側的第一張圖片，執行 **動畫 > 進階動畫 > 複製動畫** 指令。

STEP**2** 此時，滑鼠游標會變成 **複製動畫** ⇖⧄ 的樣式，點選一下要套用相同動畫的物件，例如：右方的二張圖片。

──圖片已套用相同的動畫效果

> **說明**
>
> 在 **複製動畫** 指令上快按二下，即可連續將動畫效果複製到多個物件上，按 `Esc` 鍵離開設定狀態。

10-4 設定投影片的轉場效果

前一節所介紹的是投影片內各種物件的動態效果，其實投影片本身也可以有精彩的轉場切換，設定方式很簡單！

10-4-1 轉場特效

為了使投影片的出場更加活潑，可以在投影片上附加轉場特效。每選擇一種轉場特效，所選取的投影片會立即顯示播放效果，供你事先預覽。

STEP**1** 開啟範例，選取要設定轉場特效的投影片，可以複選。

STEP**2** 點選 **轉場 > 切換到此投影片 > 其他** 鈕展開下拉式清單，選擇一種投影片轉場特效，在投影片中可以立即預覽播放效果。

STEP3 在 **轉場 > 預存時間 > 持續時間** 指令旁的欄位中，輸入或點選數值以指定
投影片轉場的時間長度，值愈小時間愈短，因此速度愈快。

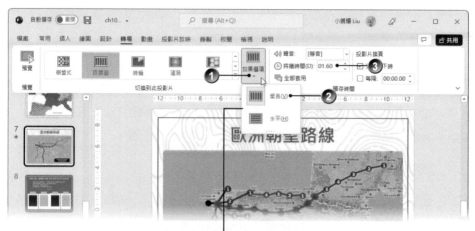

有些切換效果可再設定效果選項

STEP4 重複上述步驟將所有投影片的切換效果設定好。在切換投影片時，若要加入聲音來加強效果，可在選取投影片後，執行 **轉場 > 預存時間 > 聲音** 指令的下拉式清單鈕，選取切換過程中所要添加的音效，例如：**微風**。

10-4-2 換頁方式

在 **預存時間 > 投影片換頁** 功能區群組中，預設為勾選 ☑ **按滑鼠換頁** 核取方塊，表示使用滑鼠控制投影片的換頁。除了手動換頁之外，也可以將換頁方式設定成每隔幾秒自動換頁。

STEP1 先選取投影片，勾選 **轉場 > 預存時間 > 投影片換頁** 中的 ☑ **每隔** 核取方塊，輸入或點選要自動換頁的時間，格式為 **分 : 秒**。

STEP2 在 **投影片瀏覽** 模式下，投影片右下方會顯示自動換頁的時間，以便提醒簡報者。

> 說明
>
> ● 如果在 **投影片換頁** 選項中，同時勾選 ☑ **按滑鼠換頁** 與 ☑ **每隔** 二個核取方塊，表示只要其中有任何一個情形發生時，就會執行投影片的切換動作。
>
> ● 如果想將切換特效、切換聲音、換頁方式中所作的設定，套用在整份簡報中，請點選 **預存時間** 功能群組中的 **全部套用** 指令。

顯示自動換頁的時間

播放與輸出 PowerPoint 簡報

簡報內容準備妥當並適度加上動畫和投影片轉場效果之後，接著要進入實際演練階段，透過預演可以控制簡報的放映時間。此外，PowerPoint 提供許多好用的輔助工具，可以協助我們輸出簡報。

11-1 設定簡報的放映方式

PowerPoint 提供多種簡報的播放方式，你可視報告內容與觀眾需求，選擇適當的放映方式。

11-1-1 由演講者簡報

由演講者簡報 放映方式是最常見的，也就是由主講人在現場依據實際狀況進行簡報。

STEP**1** 開啟要播放的簡報，執行 **投影片放映 > 設定 > 設定投影片放映** 指令。

STEP**2** 出現 **設定放映方式** 對話方塊，**放映類型** 區段預設值為 ◉ **由演講者簡報（全螢幕）** 選項。

STEP3 在 **放映選項** 區段，可以指定是否連續放映、加入旁白或動畫，還可以指定 **畫筆顏色** 和 **雷射筆色彩**，預設值皆為 **紅色**。

STEP4 在 **放映投影片** 區段，設定要播放的投影片範圍，預設值為 ⊙ **全部** 選項。

STEP5 在 **投影片換頁** 區段，選擇投影片換頁的方式，預設值為 ⊙ **若有的話，使用計時** 選項，完成後按【確定】鈕。

說明

- 📌 **觀眾自行瀏覽（視窗）**：畫面會以視窗形式自動播放，觀眾可以透過 **狀態列** 上的控制鈕操作。
- 📌 **在資訊站瀏覽（全螢幕）**：一般是應用在展覽會場或攤位，由於現場只會擺放螢幕，不會有滑鼠及鍵盤，所以採用這種方式放映簡報時，最好經過排練計時或事先以 **錄製投影片放映** 方式取得 **預存時間**，簡報播放完畢會自動重複播放。

11-1-2 自訂放映

有時候同一份簡報可能要針對不同的觀眾群播放，播放順序或投影片張數上不盡相同。這時可以在該份簡報中，新增幾份不同的「自訂放映」版本，播放時再從 **設定放映方式** 對話方塊中選擇。

STEP1 開啟簡報，執行 **投影片放映 > 開始投影片放映 > 自訂投影片放映 > 自訂放映** 指令。

STEP2 出現 **自訂放映** 對話方塊，按【新增】鈕。

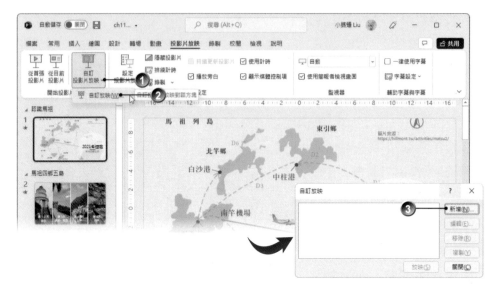

STEP3 出現 **定義自訂放映** 對話方塊，輸入 **投影片放映名稱**，在 **簡報中的投影片** 清單中，勾選要加入簡報播放的投影片核取方塊，按【新增】鈕加入到右側清單。

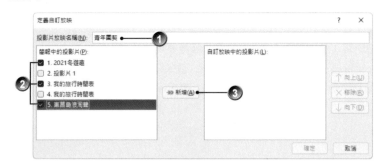

STEP4 視需要以【向上】、【向下】鈕調整投影片順序，或按【移除】鈕將投影片從清單中移除，設定完成後按【確定】鈕。

STEP5 回到 **自訂放映** 對話方塊，若要繼續新增，請重複上述步驟 **2~4**；結束自訂放映，請按【關閉】鈕；如果要立即預覽，則按【放映】鈕。

STEP6 日後要進行簡報時，就可以視講者要簡報的內容從 **自訂投影片放映** 清單中選擇。

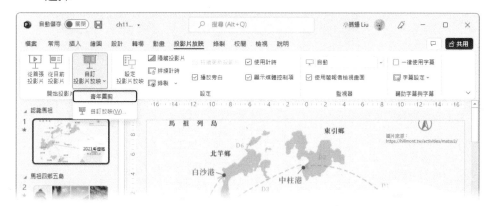

📌 **説明**

若進行簡報之前，臨時有幾張投影片不想放映，可以先選取不要放映的投影片，再執行 **投影片放映 > 設定 > 隱藏投影片** 指令，這樣在放映時就會略過所選擇的投影片；再執行一次可以取消隱藏設定。

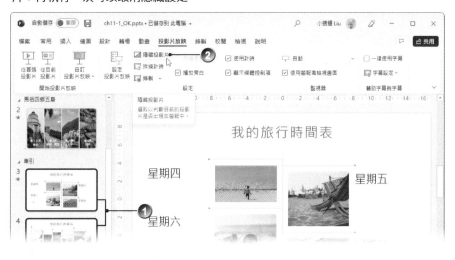

隱藏的投影片

11-2　播放簡報

　　所有準備工作就緒之後，就要正式登場了！**由演講者簡報** 時，簡報人可以視觀眾情況調整投映片播放的步調。使用 **簡報者檢視畫面**，可以在二部監視器上播放簡報，簡報者可以看到 **備忘稿** 的內容並控制播放順序，讓簡報播放更流暢，而觀眾只會看到投影片的放映畫面。

11-2-1 投影片放映

　　PowerPoint 中提供多種放映投影片的方式，你可以讓所播放的投影片以填滿整個畫面的方式播放，也就是所謂的 **全螢幕播放影片**，也可以選擇使用 **自訂放映** 方式來播放。

STEP1　開啟要播放的簡報，執行 **投影片放映 > 開始投影片放映 > 從首張投影片** 指令（或按 F5 鍵），即使目前沒有位於第 1 張投影片，也會從第一張開始播放。

STEP2　放映簡報時，可以按滑鼠左鍵或鍵盤上的 ↑ 或 ↓ 或 ← Enter 鍵，切換動畫及換頁。

從目前的投影片開始播放（按 Shift + F5 鍵）

投影片放映中

STEP3 如果是在全自動播放的模式下（也就是已設定自動換頁時間），要讓簡報暫停或切換投影片，可在投影片上按一下滑鼠右鍵，從快顯功能表中選擇相關指令。

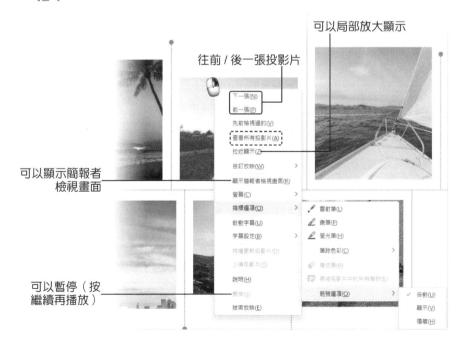

可以局部放大顯示

往前 / 後一張投影片

可以顯示簡報者檢視畫面

可以暫停（按繼續再播放）

返回簡報繼續播放

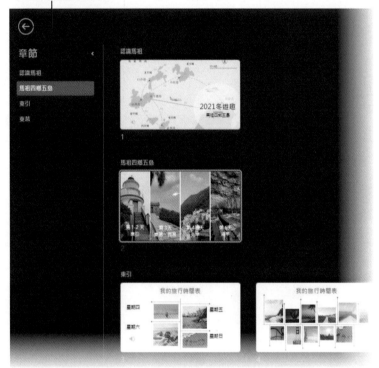

選擇「查看所有投影片」指令，可以在瀏覽畫面中點選後跳至該投影片播放

11-2-2 在投影片上書寫

　　播放簡報時，可以在螢幕上加註一些臨場補充的說明文字、草圖或更正投影片上的「筆誤」；此外，簡報者還能透過 **雷射筆** 指示目前講解的所在位置。

STEP1　放映投影片時，按一下滑鼠右鍵，點選 **指標選項** 指令，選擇 **雷射筆**、**畫筆** 或 **螢光筆** 選項；也可以再選擇 **筆跡色彩** 指令，挑選畫筆色彩。

STEP2　按住滑鼠左鍵以拖曳方式在投影片上進行書寫或繪製。

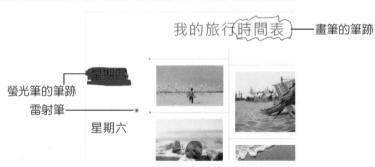

STEP3 如果要清除筆跡，可在快顯功能表中點選 **指標選項 > 橡皮擦** 指令，逐一點選筆跡將其清除；或是點選 **擦掉投影片中的所有筆跡** 指令，清除所有筆跡。

STEP4 書寫完畢之後，選取 **箭號選項 > 顯示** 指令，恢復滑鼠指標，並且會終止畫筆的操作。

STEP5 簡報播放完畢，要離開 **投影片放映** 模式時，會出現如右圖的提示訊息，詢問你是否保留筆跡標註？若要保留，按【保留】鈕；否則，按【放棄】鈕。

STEP6 如果你有保留簡報播放時所繪製的筆跡，回到編輯狀態時會顯示 **轉換你的筆跡** ⚡ 智慧標籤，點選之後會將手寫筆跡轉換成相似的「圖例」；有時還會顯示 **更多建議** ⋯ 智慧標籤，點選後可在清單中挑選。

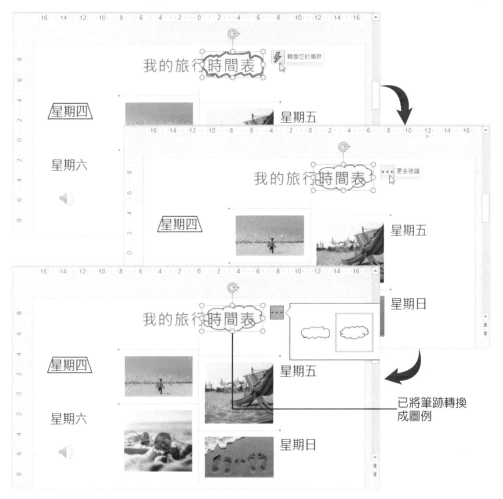

已將筆跡轉換成圖例

- 在使用 **畫筆** 的狀態下，可以透過鍵盤的 `↑` 或 `↓` 或 `← Enter` 鍵，控制投影片的播放。

- 在 **全螢幕播放投影片** 的過程中，除了使用滑鼠操作之外；按 `F1` 鍵，會出現 **投影片放映說明** 方塊，可以藉由其中提示的快速鍵執行播放控制，按【確定】 鈕即可離開。

- 播放途中，若按一下滑鼠右鍵，執行 **螢幕 > 顯示工作列** 指令，全螢幕下方會出現 **Windows 工作列**，視需要可以切換至其他應用程式視窗；處理完後，可以再切回 PowerPoint 繼續播放。

11-2-3 使用簡報者檢視畫面

簡報者檢視畫面（也稱為「簡報者模式」），它支援二部監視器（螢幕），可以讓簡報者在自己的電腦螢幕上顯示含有演講者 **備忘稿** 的簡報，觀眾則在另投影螢幕上觀看全螢幕呈現的簡報。以 **簡報者模式** 播放時，可以在投影片上放大局部內容，透過 **投影片導覽** 中的縮圖，快速跳至其他投影片，還會計時讓你有效掌握簡報的進度。

STEP1 先勾選 **投影片放映 > 監視器** 功能區群組中的 ☑ **使用簡報者檢視畫面** 核取方塊，再點選 **狀態列** 上的 **投影片放映** 🖵 鈕。

STEP2 PowerPoint 會自動在簡報者的螢幕顯示如下圖所示的 **簡報者檢視畫面**，而觀眾會在另一部投影幕上看到投影片的內容。

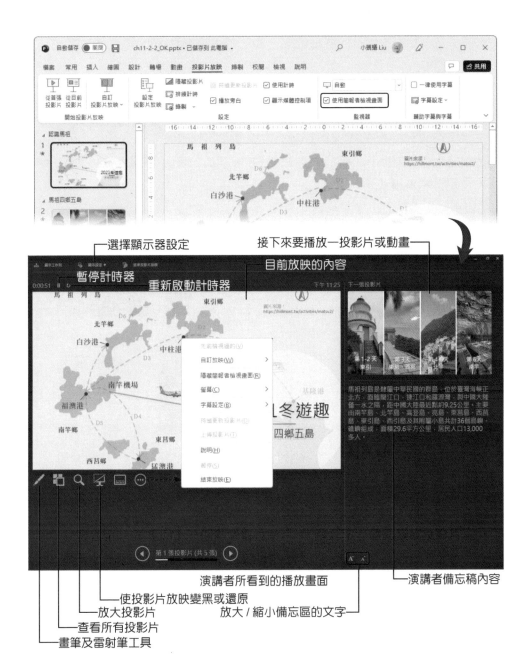

選擇顯示器設定

接下來要播放一投影片或動畫

目前放映的內容

暫停計時器

重新啟動計時器

演講者所看到的播放畫面

演講者備忘稿內容

使投影片放映變黑或還原

放大投影片

放大 / 縮小備忘區的文字

查看所有投影片

畫筆及雷射筆工具

STEP3 簡報者可以按 **返回上一個動畫或投影片** 或 **移到下一個動畫或投影片** 鈕,切換至上一個或下一個投影片(或動作)。

STEP4 若要檢視簡報中的所有投影片,可按 **查看所有投影片** 鈕。

STEP5 如果要放大檢視投影片的詳細資料，請按 **放大投影片** 鈕，然後指向要放大檢視的部分。

STEP6 發表簡報時，若要提示投影片或在其上寫字，請按 **畫筆和雷射筆工具** 鈕。

STEP7 想要隱藏或顯示簡報目前的投影片，請按 **使投影片放映變黑或還原** 鈕。

STEP8 放映結束會出現提示，在投影片放映區按一下即可離開 **簡報者檢視畫面**，回到簡報 **標準模式**。

説明

● 若只有一部監視器，按 **投影片放映** 鈕時會先進入 **投影片播放** 模式，此時畫面左下角會隱約顯示一列工具列，將滑鼠移到工具列按鈕並點選放映選項，執行 **顯示簡報者檢視畫面** 指令，也可以切換到簡報者檢視畫面。

● 如果要手動決定哪一部監視器以 **簡報者檢視畫面** 顯示備忘稿，哪一部監視器要面對簡報對象（投影片放映檢視），請在 **簡報者檢視畫面** 上方的工作列上按一下 **顯示設定**，然後選擇 **切換簡報者檢視畫面和投影片放映**。

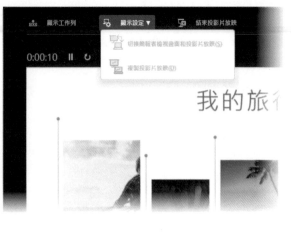

11-3 將簡報匯出成視訊

現在已經可以將簡報匯出為「.wmv」或「.mp4」格式的視訊檔案，以確保我們插入的動畫、音樂、旁白…等影音完整無缺。你可以將此視訊檔案以 eMail 傳送、燒錄成光碟或上傳到網站，即使閱讀者的電腦中沒有安裝 PowerPoint，也能觀看完整的簡報內容。

STEP**1** 開啟欲建立視訊的簡報，執行 **檔案 > 匯出 > 建立視訊** 指令，設定視訊的品質與檔案大小，設定 **每一張投影片所用秒數**，設定完後按【建立視訊】鈕。

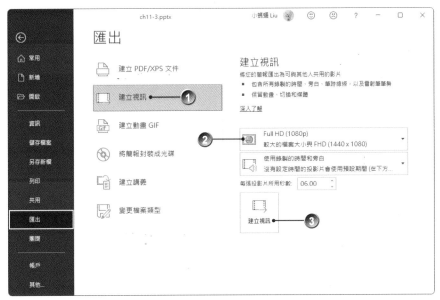

STEP**2** 出現 **另存新檔** 對話方塊，選擇儲存路徑，輸入 **檔案名稱**，選擇 **存檔類型**，按【儲存】鈕。

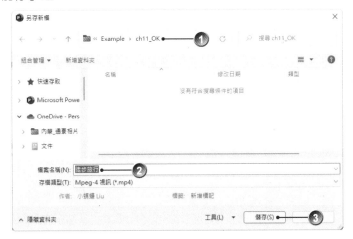

STEP3 開始製作視訊，這會花一點時間，視你檔案的大小而定，**狀態列** 上會顯示
進度。

STEP4 當完成視訊製作後，找到視訊儲存的位置，開啟該視訊檔，看看動畫和音
效是否正常播放。

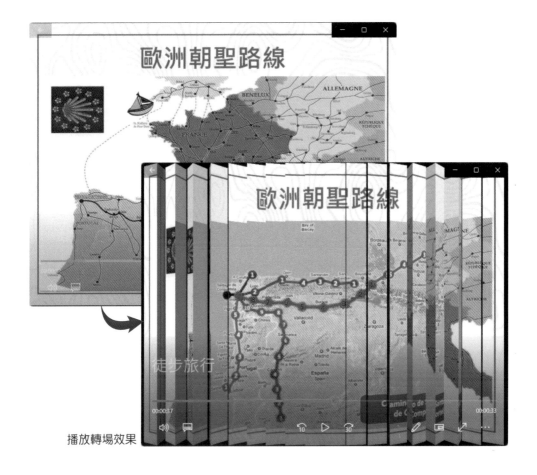

播放轉場效果

11-4 列印簡報

現場簡報時，必須要有多媒體設備才能播放投影片，而聽眾也會希望拿到簡報資料；因此，使用 PowerPoint 製作好簡報之後，除了讓其在多媒體裝置播放，最好能夠將其列印輸出。現在，**列印** 與 **預覽** 功能已經結合在一起，所以在設定列印內容的同時，也能預覽輸出的結果。

STEP**1** 開啟簡報，執行 **檔案 > 列印** 指令，進入 **預覽列印** 模式，設定列印 **份數**，選擇印表機名稱，設定列印範圍（預設會列印所有投影片）。

STEP**2** 設定列印版面，例如：3 張投影片；設定列印方向、列印色彩。右側的預覽窗格能瀏覽設定後的結果，按【列印】鈕，就可以印出所需之投影片講義。

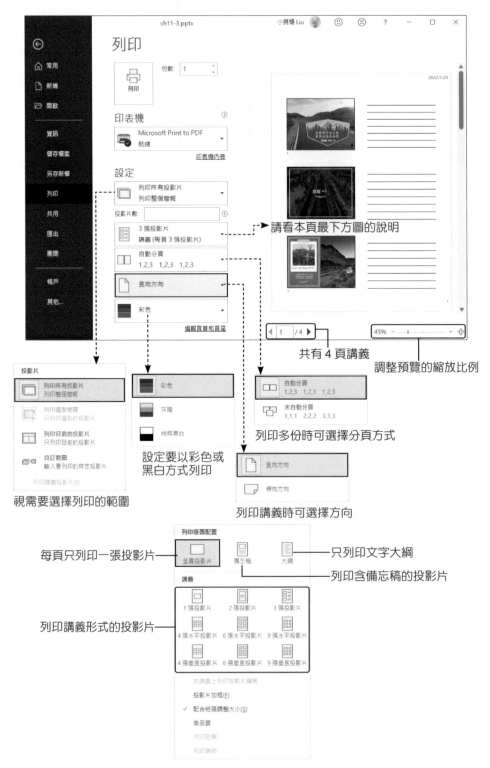

請看本頁最下方圖的說明

共有 4 頁講義

調整預覽的縮放比例

列印多份時可選擇分頁方式

設定要以彩色或
黑白方式列印

視需要選擇列印的範圍

列印講義時可選擇方向

每頁只列印一張投影片

只列印文字大綱

列印含備忘稿的投影片

列印講義形式的投影片

說明

- 在 **預覽列印** 下無法編輯投影片。如果投影片版面大小（寬螢幕）與列印紙張不一致，可以選擇 **配合紙張調整大小** 指令。

- 點選 **編輯頁首和頁尾** 超連結，會開啟 **頁首及頁尾** 對話方塊，可依需要勾選設定，按【全部套用】鈕，將此設定套用於所有投影片中。

自動切換至備忘稿及講義標籤

Note

Chapter

12

建立Access資料庫

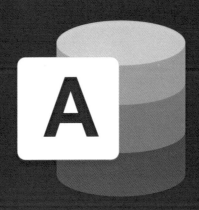

資訊科技的發展已進入到「雲端」，身處在這個世代必須與時俱進，誰能有效地運用周邊的資源，誰就是贏家！當你面對一堆瑣碎、煩雜的資料時，要如何將它變成有用的資訊呢？這時，就得透過 **資料庫（Database）** 來幫忙了！

12-1 資料庫概論與 Access

現代人的日常生活中 **資料庫** 已成為不可缺少的工具，例如：學校會有教職員資料、學生資料；公司會有人事資料、客戶資料；醫院會有一堆病歷資料，或是透過網際網路在各大購物網站中購物…等，這些都與 **資料庫** 的存取息息相關。

12-1-1 什麼是資料庫

早期以人工處理資料的方法，不外乎採用檔案櫃、資料夾…等設備，將各種資料歸檔，要使用時再翻箱倒櫃地查閱。現在，透過電腦就方便多了，它最拿手的工作便是協助我們儲存、處理、歸納、計算、分析各式各樣的資料，以產生有用的資訊。

使用人工方式查閱資料

使用電腦查閱資料

資料庫 就是由一些有意義、有關聯的 **資料（Data）** 所組合而成的。你可以將資料庫想像成一個「電子檔案櫃」，一個資料庫中包含數個 **資料表（Table）**；每一個資料表中存放著多筆 **記錄（Record）**；而每一筆記錄是由多個 **欄位（Field）** 所組成，不同的欄位存放著不同的資料。所以 **資料庫** 的嚴格定義是：一群相關 **記錄** 的集合，而 **欄位** 則是最基本的資料項目，亦是資料庫中的最小單位。

使用 **資料庫** 管理資料具備了下列幾項特點：資料共享、格式的標準化、維持資料的一致性、可避免重複資料的產生、資料可以輕易地再利用、有效管理複雜的資料處理流程、具有資料的存取與啟用的安全機制。

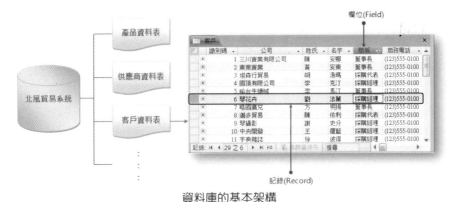

資料庫的基本架構

12-1-2 什麼是資料庫管理系統

資料庫管理系統（**Database Management System, DBMS**）是電腦中一套獨特的軟體，你可以將其視為許多程式的集合，它讓使用者能夠建立與管理資料庫，並且能針對每一種不同的商業應用萃取出所需的資料，以便產生對應的報表。**資料庫管理系統** 的基本功能概述如下：

● 新增資料庫。
● 新增資料表（Table）。
● 新增檔案中的資料。
● 篩選、排序與查詢檔案中的資料。
● 依需求設計或列印各項報表。
● 修改、刪除檔案中的資料。
● 刪除資料表（Table）、資料庫。

資料庫管理系統 還有一項相當重要的功能，就是資料庫的保護與維護。資料庫的保護包含二個層面：一個是 **系統保護**，確保資料庫不會因為硬體或軟體的故障導致損壞；另一個是 **安全保護**，避免資料被未經授權的使用者存取或惡意破壞。

一般常說的 **資料庫系統**（**Database System**），是指用來管理大量資料的軟體，例如：會計、人事薪資及進出貨管理…等皆屬於資料庫系統管理的領域。資料庫系統大約分為二大領域：一是專為管理簡單資料庫而設計，專供一般人使用

的，例如：Visual dBase、Microsoft Access…等；另一是專為程式設計師設計，提供程式設計師開發資料庫應用系統使用，例如：Delphi、Microsoft SQL Server、Visual Studio、Oracle、Sybase SQL Sever、Informix-Online…等。

12-1-3 Access 概觀

一般企業在電腦化的初步，都會將日常處理的資料先輸入到電腦中，最常見的就是使用文書處理軟體（例如：Microsoft Word）輸入這些資料。若是輸入了極大量的資料，日後又要用文書軟體來搜尋所需要的那筆資料，就沒有那麼方便了。這時候透過資料庫軟體中所提供的 **查詢** 功能，才能省時省力！

Access 本身即提供 **查詢** 功能，並且可以將查詢的結果單獨儲存；另外，如果希望針對試算分析的資料做管理，也必須借助資料庫軟體，Access 可以執行資料的彙總與排序，方便使用者查看各項資訊。Access 資料庫的檔案格式較為特殊，其 **副檔名** 規定為「.accdb」。每一個「*.accdb」檔案中包含：**資料表**、**查詢**、**表單**、**報表**、**巨集** 與 **模組** 等 6 個主要的資料庫物件。

資料表（**Table**）

資料表 是 Access 資料庫中存放原始資料的地方，也是其他 5 種資料庫物件的基礎，樣子看起來與 Excel 工作表很相似。一個資料庫可以包含一個以上的資料表，不同的資料表中儲存不同類型的資料，資料表之間可以透過「關聯欄位」建立連結。

Access 中的「產品」資料表（資料工作表檢視模式）

查詢（Query）

查詢 是由一個或多個 資料表 中，依照所定義的相關條件，從中擷取出符合條件的記錄，或以所指定的條件執行資料的排序。查詢 的來源可以是單一 資料表，或是二個以上的 資料表；也可以由 查詢 中再依據新條件找出部份資料，產生新的查詢。

訂單小計查詢

表單（Form）

表單 是指使用者直接接觸的地方，你可以加入 指令按鈕、文字方塊…等控制項，設計出一張圖文並茂的 表單，做為資料庫程式的使用者介面，它可以顯示、新增、刪除、列印資料，也可以做輸入／輸出作業。表單 的來源可以是單一資料表，或是二個以上的資料表。

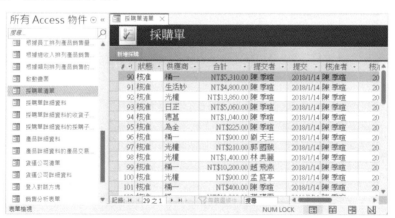

報表（Report）

　　報表 是用來輸出 **資料表**、**查詢**…等資料的分析結果。你可以建立分組報表，進行 **排序**、**小計**、**加總**…等運算，也可以定義報表格式，例如：資料列印的位置、報表邊界、紙張大小…等。

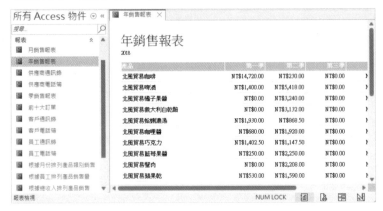

巨集（Macro）

　　使用 **巨集** 可以將例行性一連串作業自動化，例如：開啟特定的表單、列印報表…等。換句話說，**巨集** 是由一個或多個以上的指令所形成的集合，每一個 **巨集指令** 都是要求系統去做某些特定的動作。

模組（Module）

　　模組 是將 Visual Basic 應用程式編輯 **宣告**、**程序** 和 **陳述式** 結合為一體，透過功能強大且富有彈性的 VBA 程式設計語言，讓使用者更容易掌控資料庫，或自動執行特定的工作。一般來說，簡易的工作透過 **巨集** 即可完成，若 **巨集** 無法勝任，則必須撰寫 VBA 程式利用 **模組** 來完成。

12-1-4 友善的操作介面

使用 Access 是不論是建立 **資料表**、**查詢**、**表單**、**報表**…等作業,在彈指之間就能快速完成!**資料表**、**查詢**、**表單**…等相關物已整合在 **資料庫物件** 功能窗格中,只要是開啟現存的或新建立的資料庫,就會顯示在視窗的左側。

開啟或關閉功能窗格

所有 Access 物件

指令清單鈕

在這裡按住滑鼠左鍵拖曳調整視窗寬度

6 種資料庫物件

- 按一下 **快門列開啟** ▷ / **關閉** ◁ 鈕，可以顯示或隱藏 **功能窗格**。
- 以滑鼠左鍵按住窗格邊框拖曳，可以調整 **功能窗格** 的顯示寬度。
- 按一下 **指令清單** ⚙ 鈕，可以選擇要瀏覽物件的方式，預設值是依 **物件類型**；也可以選擇目前要檢視的資料庫物件，預設值是 **所有 Access 物件**，將 6 種資料庫物件分門別類顯示在 **功能窗格** 中。

12-2 建立全新的資料庫

Access 跟其他資料庫軟體最大的差異是它將 **資料表**、**表單**、**報表**、**查詢**⋯等資料庫物件都存放在同一資料庫檔案中，所以必須先建立一個可以包含所有 Access 物件的資料庫檔案。

若是從建立 **空白桌面資料庫** 開始，則在建立之後，資料庫中的各個物件必須再自行建立；若是使用 Access 的 **資料庫範本**，只要在彈指之間就能輕鬆建立一個新資料庫。

12-2-1 資料庫設計的基本概念

一個設計良好的資料庫，可以提供即時且精確的資訊，所以在建立第一個資料庫之前，必須先瞭解資料庫設計時的依循原則，以及設計資料庫的流程。事實上，下列二項設計資料庫的重要原則，請務必謹記在心：

- 資料庫中不能含有多餘、重複的資訊。多餘的資料除了會浪費儲存空間，也容易造成資料錯誤與產生資料不一致的狀況。
- 必須講求資料的正確與完整性。若資料庫內含不正確的資料，則所建立的 **查詢**、**報表**⋯等 Access 物件，也會內含錯誤的資訊。

明白上述二項重要的原則之後，我們將一個完善資料庫應該具備的功能歸納如下：

- 將想要收集的資料請依據主題分割為多個基本 **資料表** 存放，以避免發生資料重複的情形。
- 提供資料庫在聯結各個資料表時所需的各項資訊。
- 維護並確保各項資訊的正確性與完整性。
- 必須合乎資料處理與報表的需求。

當你要開始規劃並建立資料庫時，可以參考下列流程來設計資料庫：

1. 確認所建立資料庫的用途。例如：用來管理商品的「進銷存資料庫」，以便瞭解每項商品的銷售記錄和營收，如此在設計的過程中才能堅守目標。

2. 尋找、組織各項必要的資訊。例如：員工代號、採購單號、產品名稱、訂單編號…等。

3. 將所要收集的資訊，分成主要的實體並建立對應的 **資料表**。例如：儲存產品相關資料的「產品」資料表、儲存客戶相關資料的「客戶」資料表、儲存訂單相關資料的「訂單」資料表…等。

4. 將各項資訊轉換為 **資料欄位**。這個階段必須設計要存放在各個資料表中的資訊（欄位），例如：「員工」資料表中會包含員工編號、姓名、職稱、電話、地址、薪資、雇用日期…等資料欄位。

5. 設定 **主索引鍵**。**主索引鍵** 指的是能夠識別唯一記錄的關鍵欄位，例如：「產品」資料表中的「產品編號」。

6. 設定每一個資料表之間的關聯性。設計者必須查看每一個資料表，以決定某一資料表與其他資料表之間的資料關聯，並視需要新增 **關聯欄位** 至資料表，或者新增資料表以建立之間的關聯。

7. 調整設計。完成初步的設計之後，請試著在資料表中輸入幾筆記錄，確認是否能從資料表中獲得期望的結果；接著，再視情況調整資料庫設計。

8. 套用資料標準化規則。目的是為了檢查資料表的結構是否正確，也就是說所有的資訊是否已置於適當的資料表中。

12-2-2 從頭開始建立資料庫

在建立資料庫之前，可以先行在草稿紙上規劃好資料庫結構，以便節省建置的時間。請參考下列三點說明進行規劃，記得哦！不要將資料庫設計得太過複雜，只要能包含所要的資訊就行了！

● 設計資料庫中所有資料表的功能。

● 定義資料庫中的四個主要 Access 物件，分別為：

　◆ 資料的來源－資料表、表單。

　◆ 輸出方式－報表。

　◆ 查詢結果－查詢。

● 設計資料的結構，以及各資料表之間的關聯。

一般來說，在 Access 中要建立一個全新的資料庫，通常都是由 **空白桌面資料庫** 開始，請依循以下步驟操作。

STEP**1** 啟動 Access，起始畫面中會顯示目前系統建議的範本（如果你已開啟某一資料庫檔案，請執行 **檔案 > 新增** 指令），點選 **空白資料庫**。

STEP**2** 出現 **空白資料庫** 窗格，輸入新資料庫的 **檔案名稱**；按 **瀏覽** 🗁 鈕，變更檔案的存放路徑。

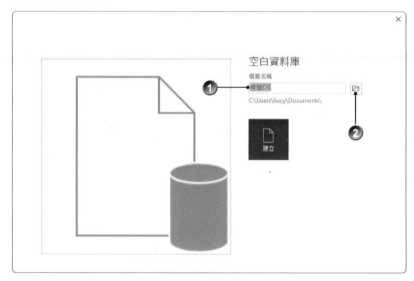

STEP3 出現 **開新資料庫** 對話方塊,選取所要儲存的資料夾位置,再次確認 **檔案名稱**,完成設定後,按【確定】鈕。

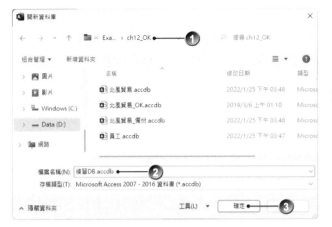

STEP4 回到步驟 2 的畫面,按 **建立** 鈕,Access 即會建立一個全新的空白資料庫。

STEP5 資料庫建立之後,系統會自動在 **資料工作表** 檢視模式下,開啟預設名稱為「資料表 1」的空白資料表;此時,插入點游標會停留在 **按一下以新增** 欄位的第一個空白儲存格,如果要新增資料,請直接開始輸入。

STEP6 如果若暫時不要輸入資料,請按一下資料表右上角的 **關閉** 鈕。

STEP7 若要關閉此資料庫檔案,請執行 **檔案 > 關閉** 指令。

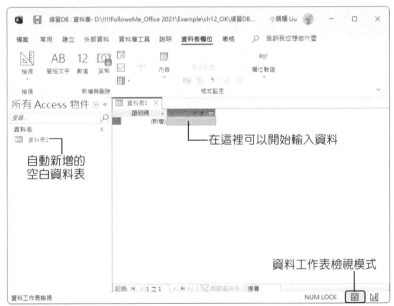

全新的空白資料庫檔案

- 只要直接在 **按一下以新增** 欄中輸入資料，系統會自動建立資料表結構。每次新增欄位內的資料時，都會定義新的欄位；同時 Access 會依據所輸入的資料，自動判斷並設定該欄位的 **資料類型**。例如：如果在某一個欄位中，輸入了 **日期**，則該欄位的 **資料類型** 會自動設定為 **日期 / 時間**。

- 既然是建立「空白」資料庫，所以每一個資料庫物件的內容，當然是空白的。因此，還要陸續建立資料庫檔案中的其他物件，這部分的操作請參考後續對應章節的說明。

12-2-3 開啟「舊」資料庫

啟動 Access 之後，在起始畫面的 **最近** 清單中，會顯示最近曾經使用過的資料庫，直接點選即可快速開啟指定的資料庫。

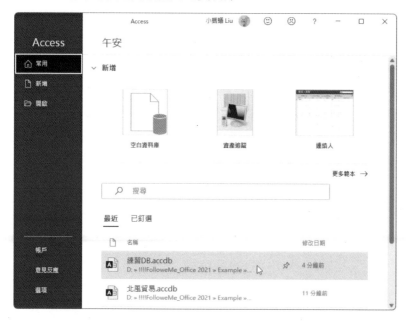

STEP**1** 進入 **開啟頁面**，預設會位於 **最近** 清單，其中顯示最近存取過的數個 Access 檔案，使用滑鼠點選要開啟的檔案名稱，即可迅速開啟檔案；如果檔案的存放位置經過異動，就無法透過此方式開啟指定的檔案。

STEP**2** 點選要開啟的檔案之存放位置，例如：電腦、**OneDrive**⋯等，或直接按 **瀏覽** 鈕。

STEP3 出現 **開啟資料庫** 對話方塊,確定檔案所在的位置與資料夾;點選要開啟的
檔案,按【開啟】鈕,即會開啟已存在的檔案。

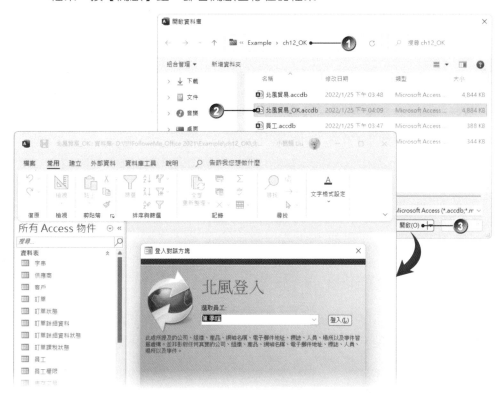

說明

- 開啟資料庫檔案之後，如果 **功能區** 下方的 **訊息列** 顯示 **安全性警告** 的訊息，其代表的是：所開啟的資料庫檔案，系統判斷可能內含了「不安全」的 ActiveX 控制項。

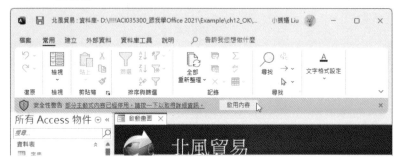

- ActiveX 控制項可能是簡單的文字方塊，或者是複雜的自訂工具列、對話方塊、小型應用程式等。因為它是 **元件物件模型（COM）**物件，除了可以用於網站及應用程式，還可以不受限制地存取你的電腦，功能非常強大。若不幸被駭客利用，可能會造成重大損失！

- 只要確認所開啟的資料庫檔案來源安全無虞，或者是你親自建立的資料庫檔案，出現 **安全性警告** 訊息時，點選 **訊息列** 上的【啟用內容】鈕即可啟用資料庫內含的 ActiveX 控制項，同時 **訊息列** 也會消失。

12-2-4 關閉資料庫與結束 Access

資料庫檔案中的相關 Access 物件設計或編輯完成之後，可以將其關閉；這樣，除了可以避免螢幕太過紛亂之外，還可以釋放記憶體。

- 按一下資料庫物件視窗右上角的 **關閉** ⊠ 鈕，即可關閉工作中的資料庫文件，例如：客戶資料表、前十大訂單報表…等。
- 按一下 Access 視窗右上角的 **關閉** ✖ 鈕，可以結束並離開 Access。
- 執行 **檔案 > 關閉** 指令，會關閉目前已開啟的資料庫檔案。

12-3 認識與建立資料表

建立資料庫檔案之後，資料會儲存在 **資料表** 中，**資料表** 是具有特定主題的清單。如果你已相當熟悉 Excel 的作業，就會發現 **資料表** 看起來似乎和試算

表中的 **工作表** 一樣，雖然 **資料表** 同樣具備了 **直欄（Column）** 與 **橫列（Row）**，但它在資料庫中並不是這樣稱呼與定義，而是有其特別的意義。

12-3-1 資料表結構

直欄 在資料庫中是為 **欄位（Field）**，每一個欄位各自存放不同性質的資料，例如：身份證字號與姓名會儲存在不同的欄位；每一 **橫列** 的資料是由各個欄位所組成，稱之為 **記錄（Record）**，在同一資料表中，要避免出現重複的記錄。

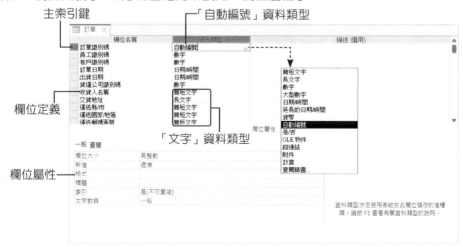

一筆記錄（Record）　　　　　　　　　　　　　　欄位（Field）

資料表的結構，包含：**欄位名稱**、**欄位大小**、**資料類型**…等屬性，使用者在 Access 中可以透過 **設計檢視** 模式，針對資料表中欄位的各項屬性進行相關設定，不同的 **資料類型** 其可供設定的屬性也不盡相同。

資料表「設計檢視」窗格

資料表 在 **設計檢視** 模式下，右側的視窗分成上下二個部分，上方的窗格用來顯示「欄位定義」，下方的窗格用來設定「欄位屬性」。

「日期/時間」資料類型

- ● **欄位名稱**：可以輸入 64 個字元，且可以包含空白字元。

- ● **資料類型**：指定資料輸入和儲存的型態。

- ● **描述**：視需要決定是否輸入相關內容。若要輸入內容，則會顯示在 **狀態列** 上。如果是採用 Access 來開發使用者介面，建議你在此欄位輸入相關的使用說明，以利日後資料庫維護作業的進行。

12-3-2 認識資料類型與欄位格式

瞭解資料表結構與標準化規則之後，接下來必須知道 **資料類型** 與 **欄位格式**，如此才能正確無誤的建立資料表。為什麼要有不同的 **資料類型** 呢？資料庫中必須要有適當的欄用以儲存資料，不同的資料類型限制該欄位所能儲存的資料型態，例如：在已設定為 **數字** 資料類型的欄位，如果輸入文字資料，系統就會顯示錯誤訊息。

資料類型

Access 提供如下表所示的 12 種資料類型：

資料類型	說　　明
簡短文字 (以前稱為「文字」)	用於儲存文字或文字與數字組合的資料，例如：電話、郵遞區號，最多可儲存 255 個字元。
長文字 (以前稱為「備忘」)	用於儲存長文字及數字，上限約為 1 GB，但對於顯示長文字的控制項，上限為前 64,000 個字元，例如：註解或說明。
數字	用於儲存包含算術計算的資料，貨幣的計算除外。
日期／時間	儲存日期或時間資料，其欄位大小無須額外設定，長度為 8 個位元組。
貨幣	用於儲存貨幣值，在計算時禁止四捨五入。
自動編號	Access 在新增記錄時自動插入的唯一欄位值，可以用來產生做為主索引鍵的唯一值。此欄位可以依照指定增量連續遞增，或是以 隨機 方式選擇。欄位一旦採用此資料類型，會由 Access 自動輸入，使用者無法修改此欄位的內容，且一個資料表內僅能有一個欄位使用此種資料類型。
是／否	適合儲存只有二種可能性的資料，例如：是／否、真／假、開／關；不允許 NULL 值。
OLE 物件	儲存其他 Microsoft Windows 應用程式所建立的 OLE 物件。OLE 是指「物件的連結與嵌入 (Object Linking & Embedding)」。
超連結	可用於連結到其他 Access 物件，或是 Microsoft Office 其他軟體 (Word、Excel 或 PowerPoint) 所建立的文件，甚至是 Internet 上的 HTML 文件或 URL。
附件	這是 Access 2007 版本之後新增的資料類型，可以用來儲存數位圖像、影音或任何二進位檔案類型的資料，一筆記錄可以同時儲存多個附件資料，完全不會影像資料庫檔案的大小。
計算	可以建立運算式，在運算式中使用一個或多個欄位中的資料。
查閱精靈	這不是真正的資料類型，設定後會呼叫 查閱精靈，讓您建立「下拉式方塊」的清單，查閱並輸入其他 資料表、查詢 資料庫物件中欄位資料，或者自行建立清單值。

欄位大小

欄位大小 指的是每一筆記錄中，該欄位在硬碟內的儲存空間，這個大小一經定義之後即會在硬碟中佔有一定的空間，並不會因為某一筆記錄的內容較少而減小，所以在定義欄位大小時，要預估該欄位會輸入的資料，並設定適當大小 (太大會浪費空間，太小則資料無法完全存入)。Access 所提供的資料類型，只有 **文字、數字** 和 **自動編號** 3 種可以自訂欄位大小，其餘都是系統預設的大小。

資料類型	欄位大小	資料類型	欄位大小
簡短文字	最大值為 255 個字元	是 / 否	1 Bit
長文字	64,000 個字元	OLE 物件	1 GB
數字	位元組：1 Bytes 整　數：2 Bytes 長整數：4 Bytes 單精準數：4 Bytes 雙精準數：8 Bytes	超連結	每個區段最多 2048 字元
日期 / 時間	8 Bytes	附件	壓縮後的附件為 2 GB，未壓縮的附件則為 700 KB 左右（視附件可壓縮的程度而定）。
貨幣	8 Bytes	計算	依存於結果類型屬性的資料類型。簡短文字資料類型最長可為 243 個字元。**長文字、數字、是 / 否 及 日期 / 時間** 則應符合各自的資料類型。
自動編號	4 或 16 Bytes	查詢精靈	依存於查詢欄位的資料類型。

欄位格式

　　欄位格式 是設定資料在 **資料表**（資料工作表檢視）和 **表單** 物件中的顯示資料的格式。Access 所提供的 9 種 **資料類型** 中，除了 **OLE 物件** 之外，其餘都可以設定資料的顯示格式。格式的設定可以採用系統事先定義好的格式，或是自行定義喜歡的格式。

● 「簡短文字」與「長文字」資料類型

　　這二種資料類型，在 Access 沒有提供 **格式** 屬性，一般是直接顯示使用者所輸入的資料。如果希望在資料庫中顯示特殊的格式，必須自行定義。

● 「數字」和「貨幣」資料類型

針對這二種類型，系統所提供的格式均相同，分別為：**通用數字**、**貨幣**、**歐元**、**整數**、**標準**、**百分比** 和 **科學記法**。

格式	說明	輸入值	顯示
通用數字	預設值，輸入什麼就顯示什麼。	3456.789	3456.789
貨幣	將數值以千位分隔符號方式顯示，如果為負數、小數與貨幣符號，會依據作業系統 控制台 > 時鐘、語言和區域 選項中的設定來顯示。	3456.789	NT$3,456.79
歐元	無論作業系統 控制台 > 時鐘、語言和區域 選項中的設定是什麼，都使用 歐元貨幣（€）符號顯示數值。	3456.789	€3,456.79
整數	至少會顯示一位數，針對負數、小數和貨幣符號都會依據作業系統 控制台 > 時鐘、語言和區域 選項中的設定來顯示。	-3456.789	-3456.79
標準	將數值以千位分隔符號方式顯示，針對負數及小數會依據作業系統 控制台 > 時鐘、語言和區域 選項中的設定來顯示。注意！此格式不會顯示貨幣符號。	3456.789	3,456.79
百分比	將輸入值乘以 100 並加上百分比（%）符號，針對負數及小數會依據作業系統 控制台 > 時鐘、語言和區域 選項中的設定來顯示。	0.3456	35%
科學記法	以科學記號表示法來顯示所輸入的數值。	3456.789	3.46E+03

- **「日期 / 時間」資料類型**

  針對此種資料類型，系統也提供多種預設的格式，讓設計者依據需求設定。

- **「是 / 否」資料類型**

  這類資料類型適用於只有一個或二個可能值的欄位，例如：對 / 錯、通過 / 不通過、開 / 關…等。

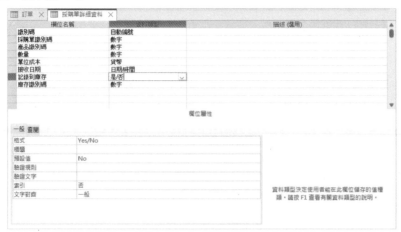

12-3-3 索引與主索引

索引 的設定可以加快系統尋找指定的資料，對於在資料庫中進行 查詢 與 排序 工作有很大的幫助。Access 資料庫系統，即運用 索引 與 主索引 的方式，建構成一個功能超強的 關聯式資料庫（Relational Database），以便能夠使用 表單、查詢…等資料庫物件，快速地尋找並取得存放在不同 資料表 中的資訊，而 索引 又分為 主索引（Primary Key）與 外部索引（Foreign Key）。

● 主索引：在 資料表 中必須包含一個（一組）欄位，而此欄中所儲存的內容沒有重複的資料，也不能有空白的資料，如此，這個欄位即可被設定為此資料表的 主索引。

● 外部索引：在 資料表 中的某一欄資料，為了確保可對應至另一 資料表 中的 主索引 欄位，則可定義此欄位為 索引，在同一 資料表 中，可以視需要設定二個或多個 索引。

當你在 Access 中建立並儲存資料表時，若沒有定義 主索引 欄位，系統會出現警告訊息，詢問是否要建立 主索引。使用者可以定義下列 3 種類型的 主索引：

● 自動編號主索引鍵。

● 單一欄位的主索引鍵。

● 多重欄位的主索引鍵。

為了讓讀者能更清楚 主索引 與 索引 的定義，我們以實例說明，請參考下圖 4 個資料表的結構。

例如：「訂單詳細資料」資料表可以和「訂單」與「產品」資料表產生關聯，它的 索引 包含二個欄位：「訂單識別碼」及「產品識別碼」。「訂單詳細資料」資料表能列出多項產品及多筆訂單，但是一筆訂單中的每一項產品只能列出一次，所以組合「訂單識別碼」及「產品識別碼」欄位，即可產生適當的 索引。

如果你懷疑是否可以選取多個欄位的適當組合,當成多重欄位索引,可以新增一個「識別碼」欄位做為 **主索引**。例如:若組合「供應商」資料表中的「姓氏」和「名字」欄位做為 **索引**,就不是一個好選擇,因為在組合欄位時,可能會遇到重複的資料。這時,你可以新增一個「供應商識別碼」欄位,來確定其為唯一值並設定為 **主索引**。

12-3-4 使用設計檢視建立資料表

看完前面幾節的說明,對於 **資料表** 的結構應該已有基本認識,接下來,我們將分別說明,如何使用 **資料工作表檢視** 與 **設計檢視** 模式建立新資料表。這一節將以「員工」資料表為範例,說明整個建立的過程。

欄位名稱	資料類型	欄位大小 / 格式
員工編號	簡短文字	8
姓名	簡短文字	20
身份證字號	簡短文字	10
性別	是 / 否	
出生年月日	日期 / 時間	簡短日期
部門別	簡短文字	20
到職日	日期 / 時間	簡短日期
離職日	日期 / 時間	簡短日期
薪資等級	簡短文字	4
勞保等級	簡短文字	2
健保等級	簡短文字	2
電話	簡短文字	14
地址	簡短文字	40
備註	長文字	

「員工」資料表的欄位結構

STEP 1 請先開啟之前所建立的空白資料庫-練習 DB.accdb,執行 **建立 > 資料表 > 資料表設計** 指令,進入資料表的 **設計檢視** 模式。

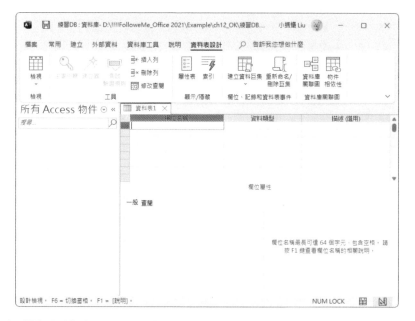

STEP2　在 **欄位名稱** 中開始輸入「員工」資料表的欄位名稱－「員工編號」，輸入後按 Enter 鍵。

STEP3　接著，設定此欄位的 **資料類型** 與相關屬性，在 **設計檢視** 窗格的欄位內容區域（預設值是顯示 **一般** 標籤），設定 **員工編號** 的 **欄位大小** 為 8。

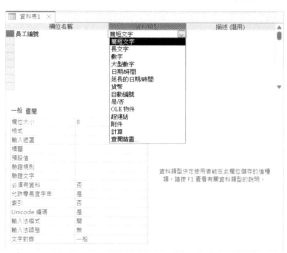

STEP4　重複步驟 2~3，依序輸入「員工」資料表中的其他欄位並設定相關屬性。

STEP5　資料表設計好了之後，請點選 **員工編號** 欄位，執行 **資料表設計 > 工具 > 主索引鍵** 指令，將 **員工編號** 欄位設定為 **主索引**。

STEP6 主索引欄位的前方會出現「鑰匙」圖示，且它的 **索引** 屬性會自動設為 **是（不可重複）**。

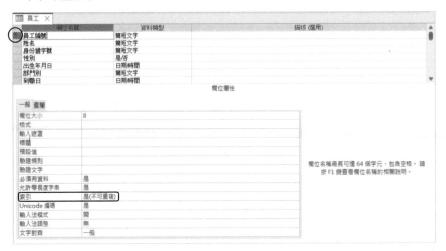

STEP7 按一下 **快速存取工具列** 上的 **儲存檔案** 鈕，出現 **另存新檔** 對話方塊，輸入 **資料表名稱**－員工，按【確定】鈕。

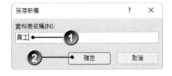

STEP8 **功能窗格** 中即會將預設的「資料表 1」更名為 **員工** 並顯示在其中。若緊接著要開始輸入資料,請執行 **資料表設計 > 檢視 > 檢視 > 資料工作表檢視** 指令,或按視窗右下角的 **資料工作表檢視** 钮。

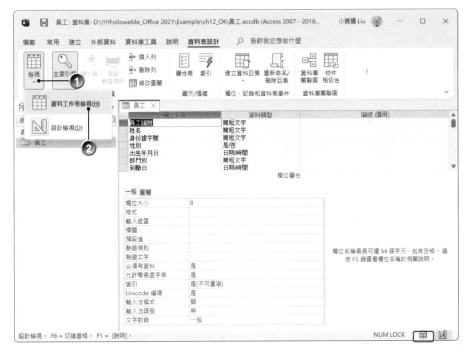

STEP9 進入 **資料工作表檢視** 模式即可開始輸入每一筆記錄的資料。

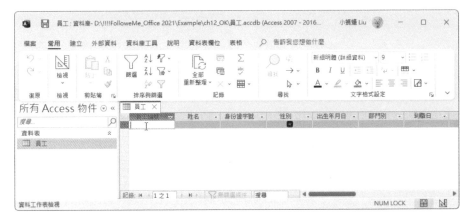

STEP10 完成所有資料的輸入工作之後,可以執行 **檔案 > 另存新檔** 指令,將資料庫另存成新檔案。

做完了上述練習之後，相信你應該已瞭解如何在 **設計檢視** 模式下，建立新資料表。如果所設計的資料庫內含多個資料表物件，請參考此節內容，完成所有資料表的新增作業。

12-3-5 修改欄位屬性

我們以「北風貿易 .accdb」資料庫「訂單」資料表為範例，說明如何修改其中的某些欄位屬性。

STEP**1** 開啟範例資料庫之後，在 **功能窗格** 中快按二下要編輯的資料表，例如：「訂單」。

STEP**2** 如果要將「稅款」欄位更名為「營業稅」，請先點選要更名欄位中的任意儲存格，執行 **資料表欄位 > 內容 > 名稱與標題** 指令。

STEP**3** 出現 **輸入欄位屬性** 對話方塊，直接輸入要變更的欄位名稱－「營業稅」，按【確定】鈕。

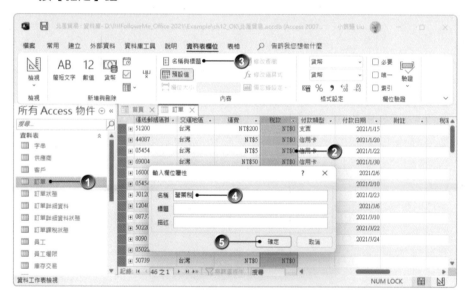

說明

● 若資料表中有些欄位名稱是英文（例如：Ship Country/Region），此時，可在 **標題** 文字方塊中，輸入要顯示為中文的內容（例如：交運地區）。

● 變更 **欄位名稱** 不會影響原來已經輸入的資料，也不會造成資料的遺失。

● 若更改欄位的 **資料類型**、**欄位大小**…等屬性，對於已經輸入的資料，有可能會產生資料遺失或截斷的狀況，這時會出現 **警告訊息** ⚠️ 智慧標籤，提醒你留意！

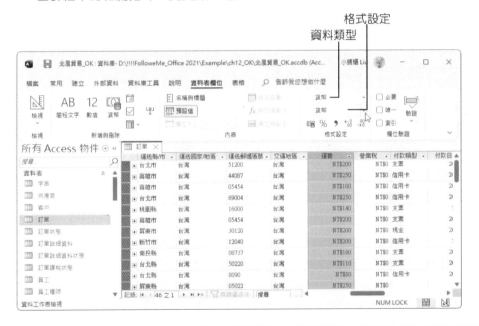

STEP4 如果是 **數字** 或 **貨幣** 類型的欄位，還可以透過 **資料表欄位 > 格式設定** 功能區群組中的相關指令，變更顯示格式。

不同 **資料類型** 的欄位，所提供的欄位屬性不盡然相同，常用的欄位屬性說明如下：

● **欄位大小**：決定該欄位要使用多少記憶體空間。

● **格式**：設計欄位在輸入完資料後的顯示格式。

● **輸入遮罩**：提供系統預設的輸入格式，方便資料的輸入並確保資料的正確性。

● **標題**：預設值和欄位名稱相同。

● **預設值**：設定該欄位的預設值。

● **必須有資料**：針對一定要輸入資料的欄位，可以將此屬性設定為 是。如此，若這個欄位沒有輸入資料即會顯示錯誤訊息。

● **允許零長度字串**：針對 **簡短文字** 或 **長文字** 欄位，如果不允許存在空的字串，請將此屬性設為 否。

Chapter

13

Access 資料庫的關聯與查詢

資料庫之所以能夠設計出多樣化的表單和報表物件，其最大的關鍵就在於資料表之間可以建立 **關聯**。Access 本身是 **關聯式資料庫** 的結構，每一個資料表之間可以透過 **主索引欄位** 建立連結，這種資料庫比起單一的「平面式」資料庫在作業與管理上更有效率！它可以避免資料的重複儲存，因此佔用的硬碟空間大量縮水，所以可節省資料搜尋與查閱的時間。

13-1 關聯式資料庫

一個資料庫最基本的要求是要能順利執行，除此之外，資料庫設計的好壞，對以後資料庫的執行效率和維護有著很大的關係。設計良好的資料庫，不僅使用方便而且執行效率高；而設計不良的資料庫，日後若要修改，將會花費很多的人力和時間！

13-1-1 Access 資料庫的規劃

Access 資料庫的架構不同於其他資料庫，在 Access 資料庫中包括：**資料表、查詢、表單、報表、巨集** 和 **模組** 6 個資料庫物件。所以規劃 Access 資料庫時必須整體考量，而非僅規劃其中的單一物件。

首先，要考慮的就是此資料庫之使用目的，再由使用目的反推出所需要的物件。舉例來說，你可以依據下列所提的目的，設計出所需要的 **表單**、**查詢**、**報表**…等物件。

- 希望提供什麼樣式的表單，以便使用者資料輸入？
- 希望由資料表中找出哪些可供分析、決策的資料？
- 希望此資料庫能產生什麼樣式的報表？
- 哪些資料是可以發佈到網站上可供查閱的？

其次，考量分析 **表單**、**報表**、**查詢** 中會使用到的各式資料，並將這些資料加以分類、整理後，就能得到所需的 **資料表** 數量。最後可以考慮是否要應用 **巨集** 與 **模組** 物件，將常態性的資料庫管理工作變成自動化。

在這裡有一點要請你特別留意，由於 Access 資料庫中各個物件彼此之間均存在相關性，所以若不同的資料表彼此之間沒有關聯，而且在 **查詢**、**表單** 或 **報表**…等物件中都不會被使用，建議你將它們分成多個 Access 資料庫。

13-1-2 資料表規劃

Access 資料庫中資料的實際存放位置是在 **資料表** 物件，所以 **資料表** 設計的好壞，會影響整個資料庫的儲存空間和執行效率，下面所列是規劃資料表可依循的原則：

● 不相關的欄位，不要放在同一資料表中。

● 不同的資料表之間，除了「關聯欄位」之外，不要存放相同屬性的欄位資料。

● 每一項要收集的資料，都必須有適當的欄位儲存。

● 每一個資料表中的欄位數目不要過多。

● 若 資料表 是處於以下二種情況，建議你將資料表再做進一步的分割。

◆ 單一資料表中有太多重複值的欄位。

◆ 某一欄位的資料與所屬資料表的 主索引 無關。

舉例說明，「北風貿易資料庫」中有一個「供應商產品」資料表如下，其中不僅儲存了與產品相關的資料，例如：產品名稱、類別、進貨價格…等，也包含公司名稱、連絡人、商務電話、住址…等與供應商有關的資料。

公司	聯絡人	職稱	商務電話	地址	產品名稱	描述	進貨價格	類別
桶一	Elizabeth A.	業務經理	06-2344567	台南縣	北風貿易茶		NT$13.50	飲料
桶一	Elizabeth A.	業務經理	06-2344567	台南縣	北風貿易糖漿		NT$7.50	調味品
生活妙	Madeleine	業務代表	02-12345678	台北縣	北風貿易原住民風味醬		NT$16.50	調味品
為全	Naoki	行銷經理	02-87654321	台北縣	北風貿易橄欖油		NT$16.01	油品
日正	Amaya	業務經理	049-123456	南投縣	北風貿易藍莓果醬		NT$18.75	果醬，蜜餞
德基	Satomi	行銷助理	04-23123456	台中縣	北風貿易水梨乾		NT$22.50	乾果
德基	Satomi	行銷助理	04-23123456	台中縣	北風貿易咖哩醬		NT$30.00	醬料
德基	Satomi	行銷助理	04-23123456	台中縣	北風貿易胡桃果		NT$17.44	乾果
拘花	Mikael	業務經理	07-1234566	高雄縣	北風貿易綜合水果		NT$29.25	蔬菜與水果罐頭
金美蘭	Luis	業務經理	07-7654321	高雄市	北風貿易巧克力脆片		NT$6.90	烘焙食品及其他

「供應商產品」資料表

上述的「供應商產品」資料表中，同時含有「供應商」與「產品」基本資料，只要某廠商加入一種新產品，則廠商的相關資料就得再輸入一次，造成相同資料一再重複輸入。此時，就得考慮將「供應商」與「產品」基本資料分別獨立出來，變成「供應商」與「產品」二個資料表，並使用「供應商編號」做為關聯欄位。這樣，就不用每次新增一項產品，廠商資料也得重複輸入一次，這樣可以維持資料的一致性；如果廠商資料有變動時，也只要修正一筆資料即可。

13-3

供應商編號	公司	聯絡人	職稱	商務電話	地址
TN001	桶一	Elizabeth A.	業務經理	06-2344567	台南縣
TP001	生活妙	Madeleine	業務代表	02-12345678	台北縣
TP002	為全	Naoki	行銷經理	02-87654321	台北縣
NT001	日正	Amaya	業務經理	049-123456	南投縣
TC001	德其	Satomi	行銷助理	04-23123456	台中縣
KS001	梅花	Mikael	業務經理	07-1234566	高雄縣
KS002	金美蘭	Luis	業務經理	07-7654321	高雄市

「供應商」資料表

供應商編號	產品編號	產品名稱	描述	進貨價格	類別
TN001	PU0001	北風貿易茶		NT$13.50	飲料
TN001	PU0002	北風貿易糖漿		NT$7.50	調味品
TP001	PU0003	北風貿易原住民風味醬		NT$16.50	調味品
TC001	PU0007	北風貿易咖哩醬		NT$30.00	醬料
TC001	PU0008	北風貿易胡桃果		NT$17.44	乾果
KS001	PU0009	北風貿易綜合水果		NT$29.25	蔬菜與水果罐頭
KS002	PU0010	北風貿易巧克力脆片		NT$6.90	烘焙食品及其他

「產品」資料表

13-1-3 資料表關聯性類型

在 Access 中建立其他需要連接資料表的資料庫物件時，Access 會以資料表的關聯性做為依據。若要在二個資料表之間建立關聯，首先，這二個資料表中必須要有「關聯欄位」，這個對應的「關聯欄位」必須要有相同的資料類型，而且其每一筆資料必須是唯一的。常用來當「關聯欄位」的，就是該資料表的「主索引欄位」，例如：供應商編號、產品編號…等。Access 所提供的資料表關聯性類型共有三種，說明如下。

● **一對一**：A 資料表中的每一筆記錄只有一筆記錄和 B 料表相符，而 B 資料表中的每一筆記錄也只有一筆記錄與 A 資料表相符。這種關聯性類型並不常見，因為這樣子的資訊通常都會存在同一資料表中，若是基於安全因素可以考慮使用多個資料表來存放。

例如：「客戶」和「發票」資料表，每一個客戶只有一個對應的統一編號。由這個例子我們可以知道，此關聯類型中的二個資料表必須有相同的欄位且為 **主索引**，然後透過 **主索引** 來連接資料表建立關聯。

客戶編號	公司名稱	連絡人	職稱	商務電話	地址
CA166	阿三食品行	陳阿三	負責人	02-12345678	台北縣
CN520	王五橘子店	小李	業務助理	049-123456	南投縣

「客戶」資料表

客戶編號	統一編號
CA166	84501234
CN520	73882693

「發票」資料表

● **一對多**：A 資料表中的記錄和 B 資料表中的多筆記錄有關。若要建立一對多 的關聯，請在「1」一端的資料表取得 **主索引**，再將 **主索引** 做為額外的一個或多個欄位，加入到關聯中的「多」一端的資料表。

例如：「客戶」和「訂單」資料表，同一個客戶可以下很多筆訂單，但一筆訂單記錄只能對應到一個客戶。

客戶編號	公司名稱	連絡人	職稱	商務電話	地址
CA166	阿三食品行	陳阿三	負責人	02-12345678	台北縣
CN520	王五橘子店	小李	業務助理	049-123456	南投縣

「客戶」資料表

訂單編號	客戶編號	產品編號	數量
9510168	CA166	PU0002	10
9510170	CA166	PU0003	8
9510266	CA166	PU0005	10
9510178	CN520	PU0007	5

「訂單」資料表

● **多對多關聯**：指 A 和 B 二個資料表之間，A 資料表中的任一筆記錄，可以對應到 B 資料表中的多筆記錄；而 B 資料表中的任一筆記錄，也可能對應到 A 資料表中的多筆記錄。

如果要建立 **多對多** 的關聯，必須透過一個稱之為「連接資料表」的 C 資料表，它可以將 **多對多** 關聯分割為二個 **1 對多** 關聯，只要把 A、B 二個資料表中的 **主索引** 欄位，都新增到 C 資料表中，它就能夠記錄多對多 **關聯**。

例如：一張「訂單」可以訂購多項「產品」，而每一項「產品」可以出現在多張「訂單」中。請參考下列三個資料表，「訂單」與「產品」資料表之間的「多對多」關聯，是藉由「訂單明細」資料表中二個「一對多」的關聯所建立的，而「訂單明細」資料表即為「連接資料表」。

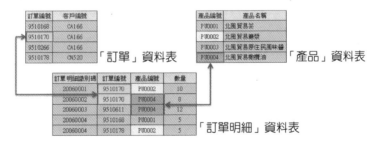

「訂單」資料表　「產品」資料表　「訂單明細」資料表

資料表之間的關聯性一旦建立妥當，其關係就存在了，應用在 **表單**、**查詢**、**報表**…等資料庫物件時，不需要再重新定義。

13-2 建立資料庫關聯圖

如果要在 Access 中建立資料表之間的關聯性，除了必須先建立各資料表的**主索引** 欄位之外，還得要建立 **資料庫關聯圖**。而此關聯圖在日後作業中，設計者仍可以視需要隨時修訂，甚至將其匯出為一個檔案，提供其他工作參考之用。這一節我們將說明如何將資料表加入 **資料庫關聯圖** 中，並建立對應關聯欄位之關聯屬性。

13-2-1 檢視資料庫關聯圖

如果 Access 資料庫中已建立了 **資料庫關聯圖**，可以使用下列方法來檢視。

STEP**1** 請先開啟要檢視關聯圖的資料庫，例如：書附範例中的「訂單管理資料庫 .accdb」；執行 **資料庫工具 > 資料庫關聯圖 > 資料庫關聯圖** 指令。

STEP**2** 出現 **資料庫關聯圖** 窗格，如果已建立好關聯圖即會在其中看到每個資料表之間的關聯。

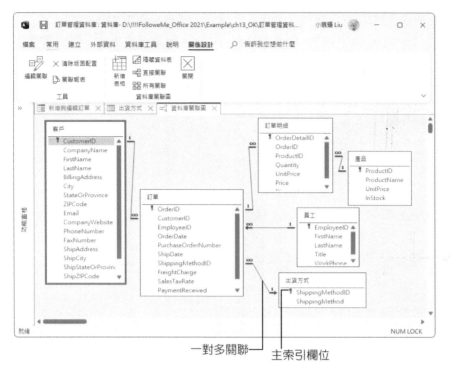

一對多關聯　　主索引欄位

STEP3 若要關閉 **資料庫關聯圖** 窗格，請按一下物件標籤右側的 **關閉** ⊠ 鈕，或執行 **關係設計 > 資料庫關聯圖 > 關閉** 指令。

 說明

- 此範例資料庫為 Office.com 網站中，提供給使用者下載的範本。
- 關聯圖中「1」代表「一」這一方，「∞」代表「多」那一方。

13-2-2 建立「1 對 1」關聯

　　資料表之間關聯性的建立方式是：要先確定做為關聯的欄位，已在二個資料表中設定為 **主索引**，或是其欄位為 **外部索引鍵**。如此，才能確保資料在資料表中不會重複，而建立 **1 對 1** 關聯的目的，就是維持二個資料表之間的相互 **唯一性**。為了確保資料表關聯的正確性，在設定關聯性時必須符合以下的條件。

- 關聯的關係不可以循環。
- 關聯的關係不可以中斷。
- 任意二個資料表關聯性之對應路徑是唯一的。

請先開啟書附範例「Ch13.accdb」資料庫。此資料庫中內含 客戶、訂單、訂單明細、產品 與 產品說明 五個資料表，我們預備建立「產品」與「產品說明」資料表之間的 **1 對 1** 關聯。

STEP1 以 **設計檢視** 模式分別開啟「產品」與「產品說明」資料表，看看是否已將關聯欄位設定為 **主索引**。

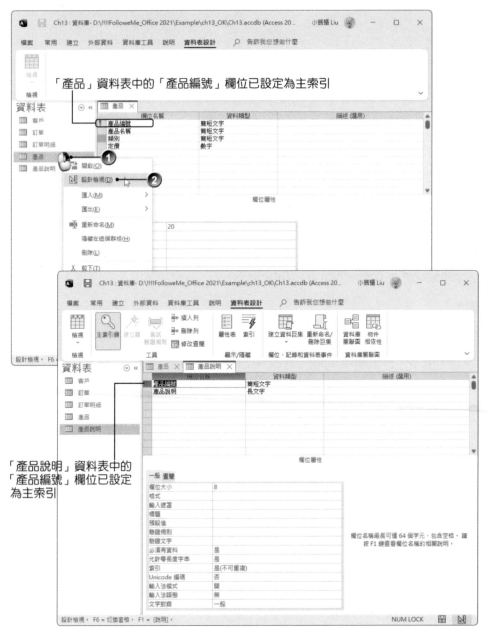

STEP**2**   執行 **資料庫工具 > 資料庫關聯圖 > 資料庫關聯圖** 指令，出現 **資料庫關聯圖**
窗格，因為尚未建立資料表之間的關聯性，所以內容是空白的。

STEP**3**   執行 **關係設計 > 資料庫關聯圖 > 新增表格** 指令。

STEP**4**   視窗右側會顯示 **新增表格** 窗格，按住 `Ctrl` 後再以滑鼠點選要建立關聯的
資料表，例如：「產品」、「產品說明」，按【新增選取的資料表】鈕。

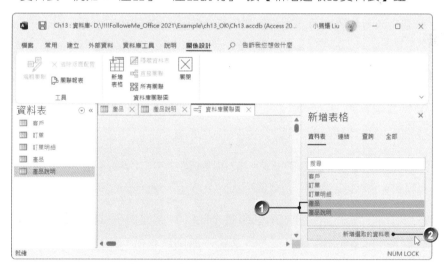

STEP5 因為所選定的資料表都已設定「產品編號」欄位為 **主索引**，所以會自動建立關聯（此為 1 對 1 關聯）。

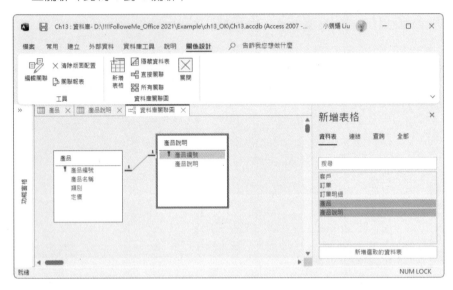

13-2-3 建立「1 對多」關聯

1 對多 關聯在實際的應用上，比 **1 對 1** 關聯多。使用者可以透過關聯屬性的設定，做到來源資料表和目的資料表之間資料的交互查核。

延續前一小節的範例，這回我們要建立「訂單」與「訂單明細」資料表之間的 **1 對多** 關聯。

STEP1 在 **資料庫關聯圖** 開啟的狀態下，執行 **關係設計 > 資料庫關聯圖 > 新增表格** 指令。

STEP2 視窗右側會顯示 **新增表格** 窗格，按住 Ctrl 後再以滑鼠點選要建立關聯的資料表，例如：「訂單」、「訂單明細」，按【新增選取的資料表】鈕。

STEP3 選定的資料表會顯示在 **資料庫關聯圖** 窗格中，將滑鼠游標移動到「訂單」資料表的「訂單編號」欄位，按住滑鼠左鍵將其拖曳至「訂單明細」資料表的「訂單編號」欄位，此時游標會變成 的樣子，到達定位之後鬆開滑鼠按鍵。

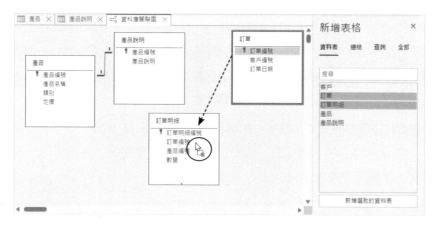

STEP4 出現 **編輯關聯** 對話方塊，**關聯類型** 自動顯示 **一對多**，勾選 ☑ **強迫參考完整性**、☑ **串聯更新關聯欄位** 及 ☑ **串聯刪除關聯記錄** 核取方塊，設定完成後按【建立】鈕。

STEP5 出現建立好的關聯圖，二個關聯資料表之間會顯示 **1 對多** 的連結線。

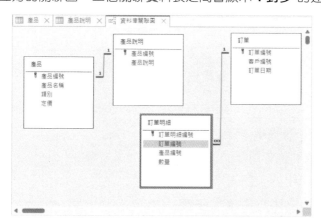

STEP6 資料庫關聯圖全數建立妥當之後，請按 **快速存取工具列** 上的 **儲存檔案** 🖫 鈕，將其存檔。

13-2-4 建立與刪除子資料工作表

資料表彼此之間一旦建立了關聯，接下來的操作就有趣多了！我們以二個資料表間的「1對多」關係，說明如何應用 **子資料工作表**。**子資料工作表** 允許使用者在 **資料工作表檢視** 模式中依階層方式瀏覽資料。

當二個資料表間存在有「1對多」的關係時，「1」這一方的是父資料表，而「多」這一方的就做為它的子資料表。我們以 **訂單** 和 **訂單明細** 二個資料表，來說明如何建立 **子資料工作表**。

STEP1 延續前一小節的範例，在 **訂單** 資料表開啟的狀態下，執行 **常用 > 記錄 > 其他 > 子資料工作表 > 子資料工作表** 指令。

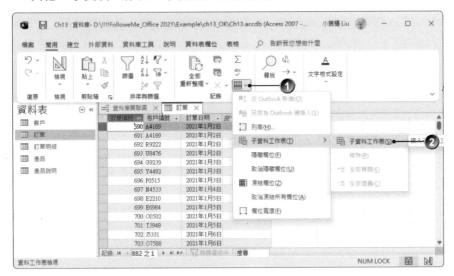

STEP2 出現 **插入子資料工作表** 對話方塊，在 **資料表** 標籤中點選 **訂單明細**，按【確定】鈕。

STEP3 回到 **資料工作表檢視** 模式，會發現「訂單」資料表中的每一筆記錄的前方都會出現「+」展開指示器，按一下即會以階層方式顯示 **子資料工作表－訂單明細** 的內容。

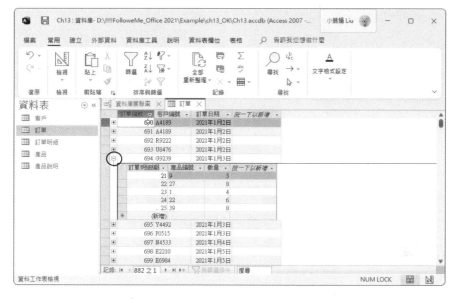

STEP4　如果想要刪除已經建立的子資料工作表，應該怎麼做呢？請先收合已顯示的
子資料工作表，再執行 **常用 > 記錄 > 其他 > 子資料工作表 > 移除** 指令。

13-3 建立查詢

查詢 在資料庫中是使用相當廣泛的一個物件，它更是 **關聯式資料庫** 的靈魂。**查詢** 可以藉由條件設定，從一個或多個資料表中尋找出有用的資料；也可依據某個查詢再建立新的查詢。

13-3-1 查詢簡介

一個資料庫可以藉由 **查詢** 物件產生多樣化的資料，其資料來源可以是一個或多個 **資料表**，也可以是另一個 **查詢**。**查詢** 和 **資料篩選** 在功能上很類似，都是藉由設定適當的條件，從 **資料表** 中找出所需的資料；但是 **查詢** 資料庫物件在使用上更具彈性、應用範圍更廣。

資料篩選與查詢

篩選 只能在目前的資料表中，設定適當的篩選條件，再從 **資料表** 中找尋符合條件的資料。篩選出來的記錄除非另存成 **查詢**，否則無法單獨存在；而沒有被篩選出來的記錄只是暫時隱藏，只要執行 **常用 > 排序與篩選 > 切換篩選** 指令，即會顯示資料表中的所有記錄。

查詢 在功能上要比 **篩選** 強大許多，其資料來源可以是一個或二個以上的 **資料表**，且針對 **查詢** 出來的結果，可再做進一步的 **查詢**。查詢結果可以單獨儲存成 **查詢** 物件並以動態呈現，如果所依據的來源（**資料表** 或 **查詢**）內容有所異動時，在查詢條件不變的情況下，查詢結果也會跟著變動。

查詢的種類

Access 中最常看到的查詢種類就是 **選取查詢**，也就是輸入條件後，由一個或多個 **資料表**、**查詢** 物件中，將符合條件的記錄擷取出來；從另一個角度來看，**查詢** 可以看成是 **資料表** 的部份集合。除了 **選取查詢**，還有 **交叉資料表查詢**、**參數查詢**、**動作查詢** 及 **SQL 查詢**…等，我們將各種查詢的用途簡要說明如下：

- **選取查詢**：輸入條件之後，從一個或多個 **資料表**、**查詢** 中，將符合條件的記錄顯示出來。

- **交叉資料表查詢**：可以建立類似 Excel 試算表中的 **樞紐分析表**，此種查詢主要用於數值資料的統計或分析。

● **參數查詢**：利用參數的定義，使用者可以在同一 **查詢** 中輸入不同的參數，系統會依據參數值顯示指定的查閱結果。最常見的是，系統顯示一個對話方塊，要求使用者輸入參數，系統再依所輸入的參數值，找出符合條件的記錄。

● **動作查詢**：使用者可以透過此種查詢來編輯資料表中的記錄，例如：新增記錄、刪除記錄、記錄的更新，甚至是建立新資料表。

● **SQL 查詢**：使用 SQL（結構化查詢語言）語法，建立資料庫中的各式查詢。

查詢與資料表的關係

查詢 是由 **資料表** 中過濾擷取而來，這些資料來源可以是 **表單**（原始資料），或是過濾出來的 **查詢** 資料，而 **查詢** 和 **資料表** 物件中的資料，都可以做為其他 Access 資料庫物件（例如：**表單**、**報表**）的參照來源。

如果某一個「查詢」的結果，必須透過多個「資料表」篩選出所要的資料，則這多個「資料表」之間必須設定「關聯欄位」。無論是建立新查詢、新表單或新報表，只要選用到具有「永久性關聯」的資料表，Access 即會自動套上已存在的關聯。

13-3-2 使用簡單查詢精靈建立選取查詢

建立查詢最快的方法就是使用 **查詢精靈**，這一節中我們將透過 **簡單查詢精靈**，來說明如何建立 **選取查詢**，亦即藉由條件的設定，直接將符合條件的記錄，由來源資料表中擷取出來。**簡單查詢精靈** 能協助使用者快速建立一個新的查詢，它是將一個資料表中的局部欄位單獨選出來成為一個查詢。這種查詢不用設定任何條件，只查看該資料表局部欄位的所有記錄。

以下範例將從「產品資料」資料表中，建立一個只顯示「產品編號、產品、單價、不再銷售」四個欄位的「產品清單」查詢。

STEP1 開啟書附範例「Ch13_ 北風貿易 .accdb」之後，執行 **建立 > 查詢 > 查詢精靈** 指令。

STEP**2** 出現 **新增查詢** 對話方塊,點選 **簡單查詢精靈** 項目,按【確定】鈕。

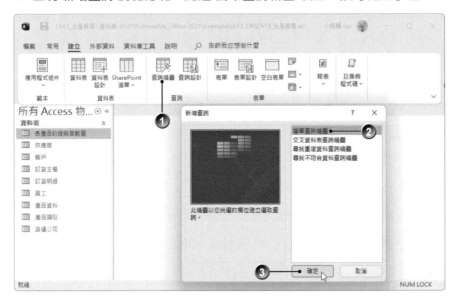

STEP**3** 啟動 **簡單查詢精靈**,選取要依據的 **資料表 / 查詢** — 「產品資料」,在 **可用 的欄位** 清單中,選擇此查詢要顯示的欄位 — 「產品編號」,按 〉 鈕將其 加到 **已選取的欄位** 清單。

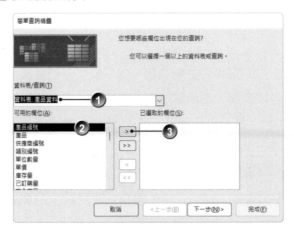

🔖 **說明**

如果按 〉〉 鈕,則會將指定 **資料表 / 查詢** 中的所有欄位,都設定為新查詢所要 顯示的欄位。

STEP**4**　重複步驟 3，完成顯示欄位的設定後，按【下一步】鈕。

STEP**5**　詢問你要如何顯示資料，採用預設的 ⊙ **詳細（顯示每筆記錄的每個欄位）**
　　　選項，按【下一步】鈕。

STEP**6**　輸入新查詢的名稱，點選 ⊙ **開啟查詢以檢視資訊** 選項，按【完成】鈕，即
　　　會顯示查詢結果。

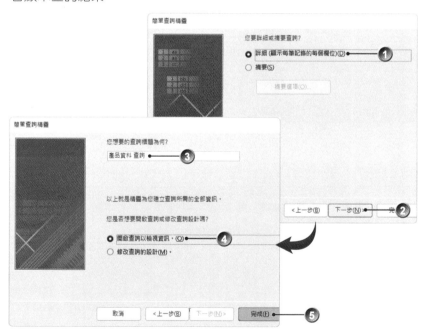

顯示查詢結果

由查詢的結果可以看出來其資料內容和 **資料工作表** 很類似，你同樣可以針對查詢的結果再做 **篩選** 或 **排序**。另外，查詢的結果還會依所參照的資料表記錄更新而自動更新。

13-4 設計新查詢

如果 Access 所提供的 **查詢精靈** 都無法協助你查詢到所需的資訊，這時只好親自動手，透過 **設計檢視** 模式在資料庫中設計新查詢。

13-4-1 認識「查詢設計」窗格

在 **查詢設計** 窗格中，主要分成二個區域：上方是顯示 **資料表 / 查詢** 並設定其間關聯的「來源區」，下方是用來設計查詢的「條件區」。

按「執行」可以得知查詢結果

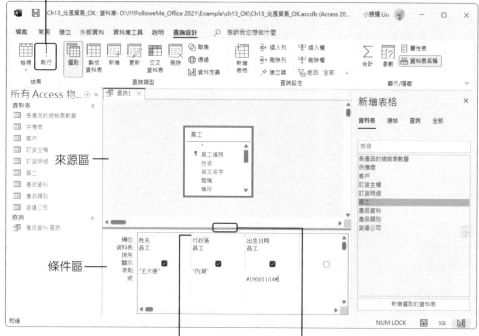

拖曳欄位與欄位之間的交界處可以調整寬度　　　拖曳這裡可以調整二個區域的大小

● **欄位**：設定要在查詢結果顯示的欄位。

● **顯示**：每一個欄位下方都有 **顯示** 核取方塊，勾選之後才會真正顯示在查詢結果中（預設值是勾選）。

● **資料表**：設定要查詢的資料表。

● **排序**：設定欄位顯示在查詢結果中的排列順序，可以是 **遞增** 或 **遞減**排序。

● **準則**：設定查詢條件。在 **準則** 列中不同欄所設定的條件，系統會執行 **AND** 判定，即所有條件都符合的時才算數。

● **或**：設定查詢條件。在 **或** 列中所加入的條件，系統會執行 **OR** 判定，只需要滿足其中的一項條件即可算數。

　　Access 在執行查詢條件時，會先依據每一個欄位的 **準則** 條件做 **AND**（邏輯且）連結；然後再依據每一個欄位不同的 **或** 條件做 **OR**（邏輯或）連結。請看以下五種條件設定的範例，即可明白其間的差異。

範例 1

姓名 =" 王大德 " AND 行政區 =" 內湖 " AND 出生年月日 ="1968/11/14"

查詢結果

範例 2

(姓名 =" 王大德 " AND 行政區 =" 內湖 ") OR 出生年月日 ="1958/9/19"

查詢結果

範例 3

姓名 =" 王大德 " OR 行政區 =" 內湖 " OR 出生年月日 ="1968/11/14"

查詢結果

範例 4

姓名 =" 王大德 " OR 姓名 =" 林美麗 " OR (行政區 =" 內湖 " AND 出生年月日 ="1944/1/1")

查詢結果

範例 5

（姓名 ="王大德" OR 姓名 ="林美麗"）AND（出生年月日 ="1944/1/1" OR 出生年月日 ="1968/11/14"）

查詢結果

13-4-2 自訂選取查詢

這一小節我們將由「查詢設計」窗格開始，依序進行新增來源資料表、加入查詢欄位、定義查詢準則（條件），以找出符合條件的記錄。例如：我們要從「訂貨主檔」資料表中，找出客戶在 2021 年 8 月的訂貨資料。

STEP1 開啟書附範例之後，執行 建立 > 查詢 > 查詢設計 指令。

STEP2 出現 **查詢設計** 視窗，同時會開啟 **新增表格** 窗格，請先按 `Ctrl` 建再以滑鼠點選「客戶」及「訂貨主檔」，按【新增選取的資料表】鈕，將選定的資料表加入至「來源區」，完成後關閉此窗格。

STEP3 因為已經在此範例資料庫中，將所有 **資料表** 之間的關聯建立妥當，所以「來源區」會顯示「客戶」及「訂貨主檔」二個資料表的 **1 對多** 關聯。

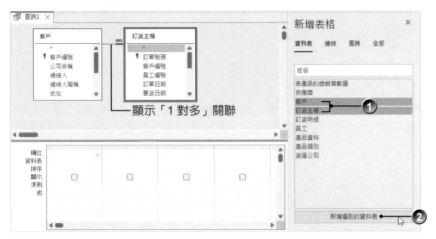

STEP4 點選「條件區」第一個欄位右邊的展開鈕，於清單中選取 **訂貨主檔.訂單日期** 欄位。

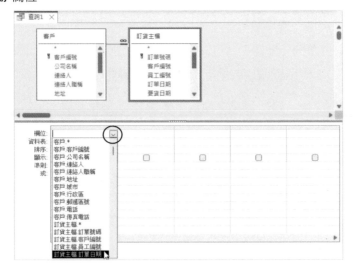

STEP5 在「來源區」的「客戶」與「訂貨主檔」資料表中,快按二下 **客戶編號**、
收貨人、**送貨日期** 欄位,將其一一加到「條件區」中。

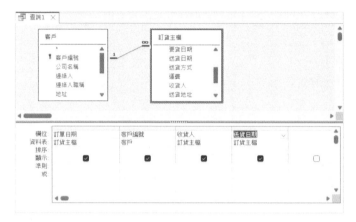

STEP6 因為我們查詢的是 8 月份的訂貨資料,請於「條件區」**訂單日期** 的 **準則** 列
中輸入:「>=2021/08/01 And <=2021/08/31」,按 ⬅ Enter 鍵,系統會自
動轉為:「>=#2021/8/1# And <=#2021/8/31#」。

STEP7 點選 **查詢工具 > 設計 > 結果 > 執行** 指令,即可檢視查詢結果。

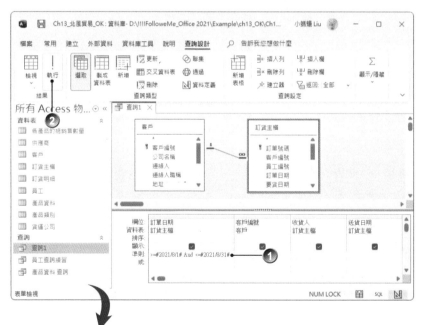

顯示 8 月的訂單資料

STEP8 查詢設計好了之後，別忘記按 **儲存檔案** 🖫 鈕
存檔。

STEP9 出現 **另存新檔** 對話方塊，查詢名稱輸入
「2021 年 8 月訂單」，按【確定】鈕完成儲存
查詢的工作。

設定 **準則** 或 **查詢**
條件時，如果要輸
入的內容較多，可
以在該屬性上按一
下滑鼠右鍵，執行
縮放 指令，或按
Shift + F2
鍵，透過 **放大顯示**
對話方塊協助輸入。

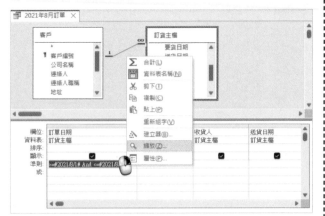

Access資料庫表單與報表

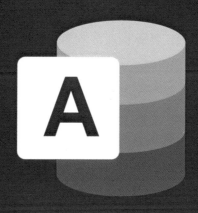

Access 所提供的 **表單** 與 **報表** 資料庫物件，是用來建立 **使用者介面** 最好的幫手，它採用 **所見即所得（What You See Is What You Get, WYSIWYG）** 的方式，讓程式設計師可以在一瞬間建立各式精美的表單與報表。

14-1 認識表單物件

你可以將 **表單** 想像成使用者查閱資料庫資料時的窗口，以「圖形化」方式所呈現的表單，對使用者而言很具吸引力，除了可以有效率地使用資料庫之外，還可以有效防止使用者輸入錯誤的資料！

14-1-1 表單的資料來源與功能

在 **資料工作表檢視** 模式下執行各項操作，大多數的使用者都會覺得綁手綁腳地，且沒有什麼效率！因此，我們可以依據特定的需求，以 **資料表**（或 **查詢**）物件為基礎，設計出輸入、維護資料的畫面，這樣的畫面稱之為「使用者介面」，在 Access 中即為 **表單** 物件。而 **表單** 的資料來源－欄位，可以是存放在某一個單獨的 **資料表** 或 **查詢** 物件，也可以是多個相互關聯的 **資料表** 或 **查詢** 物件。

表單 可以用來輸入、編輯或顯示 **資料表**、**查詢** 中的資料，例如：在含有多個欄位的 **資料表** 中，某些有特定需求的使用者，只想查看幾個欄位的資料，這時若能提供僅包含所需欄位的 **表單**，就可以協助他們使用資料庫。另外，在 **表單** 中也可以新增按鈕或其他功能，將常態性的工作自動化。

● 建立特殊用途的表單－對話方塊，可以收集使用的評語、選項，執行指定作業，例如：登入對話方塊。

● 建立用來輸入資料的表單，方便使用者輸入資料至對應的資料表。

● 在表單中除了可以輸入資料之外，還可以切換執行其他功能。

● 建立可同時顯示多筆資料的 **多重項目** 表單。

產品	總庫存	已配置庫存	可用的庫存	供應商的應有庫存	合併的總計	目標容量	重新訂購數量	從供應商購買
北風貿易茶	25	25	0	0	0	40	40	採購
北風貿易糖漿	50	0	50	0	50	100	50	採購
北風貿易原住民風味醬	0	0	0	0	0	40	40	採購
北風貿易橄欖油	15	0	15	0	15	40	25	採購
北風貿易藍莓果醬	0	0	0	0	0	100	100	採購
北風貿易水梨乾	0	0	0	0	0	40	40	採購
北風貿易咖哩醬	0	0	0	0	0	40	40	採購
北風貿易胡桃果	40	0	40	0	40	40	0	採購
北風貿易綜合水果	0	0	0	0	0	40	40	採購
北風貿易巧克力脆片	0	0	0	0	0	20	20	採購

14-1-2 表單的檢視模式

表單 提供了四種檢視模式，分別是 **表單檢視**、**資料工作表檢視**、**版面配置檢視** 和 **設計檢視**。

表單檢視

主要用於資料的輸入與查看。預設是顯示 **單一表單**，也就是一張表單中只能查看到一筆記錄；如果你所建立的是 **多重項目表單**（連續表單），即可同時顯示多筆記錄。使用者可以透過 **記錄瀏覽列** 中的 **記錄切換鈕**，切換到所要檢視的記錄，或是按 **新（空白）記錄** 鈕，輸入一筆新記錄。

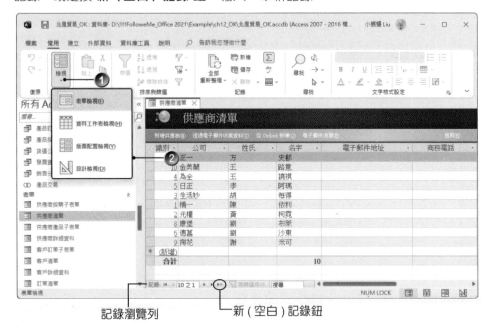

記錄瀏覽列　　　　　新（空白）記錄鈕

資料工作表檢視

這是 Access 2010 版本之後所新增的檢視模式，它以欄和列格式顯示 **資料表**、**表單**、**查詢** 資料的視窗。在 **資料工作表檢視** 模式下，使用者可以編輯欄位、新增 / 刪除資料、搜尋資料。

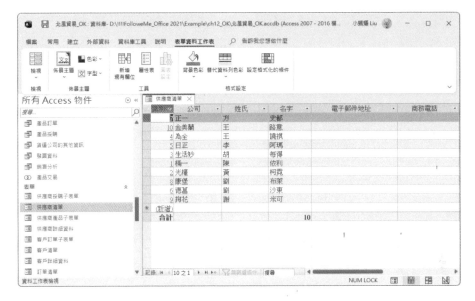

版面配置檢視

它支援 **堆疊式** 和 **表格式** 版面配置。在此模式之下可以設定文字格式、重新排列欄位、記錄，或調整整個版面的樣式。針對較為細緻的設計工作，則仍需在 **設計檢視** 模式中處理。

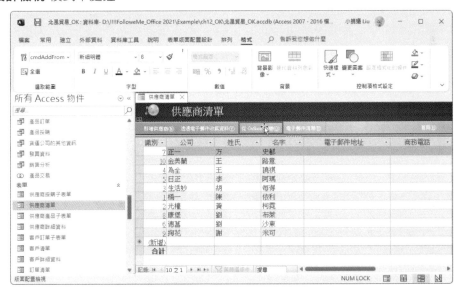

設計檢視

任何表單都可以進入 **設計檢視** 中調整版面，或是加入其他的 **控制項**（例如：**文字方塊**、**選項鈕**、**背景圖片**…等）。

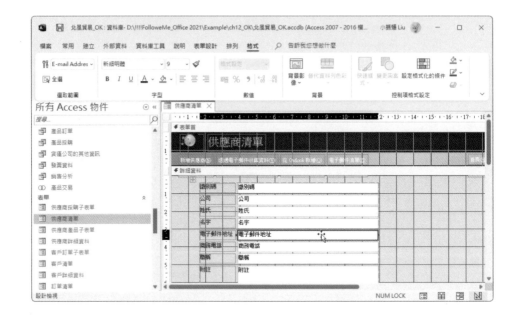

14-2 快速建立表單

在 Access 建立表單最快的方法，是透過 **建立 > 表單** 功能區群組中的相關指令來處理，你只要動一動滑鼠即可自動產生所需的表單。本章所使用的資料庫為書附範例「ch14_ 北風貿易 .accdb」，內含八個主要的資料表與各式查詢物件，其資料表之間的關聯請參考下圖。

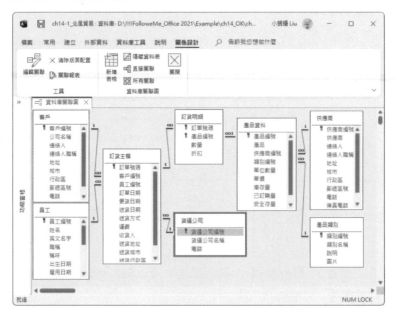

14-2-1 使用「表單」指令建立新表單

產生新表單最快的方法就是：先選擇要參照的來源 **資料表** 或 **查詢**，執行 **表單** 指令。使用這個指令所建立的表單，會依據資料來源顯示所有的欄位，你可以立即輸入資料，也可以切換至 **版面配置檢視** 或 **設計檢視** 進行修改，使表單更符合使用者需求。

STEP**1** 開啟書附範例後，展開 **功能窗格**，選擇要製成 **表單** 的 **資料表** 或 **查詢** 物件。本例為「員工」資料表，選取後執行 **建立 > 表單 > 表單** 指令。

STEP**2** 系統即會自動產生新表單，且會以 **版面配置檢視** 模式顯示。記得按 **儲存檔案** 🖫 鈕，出現 **另存新檔** 對話方塊，輸入 **表單名稱**，按【確定】鈕。

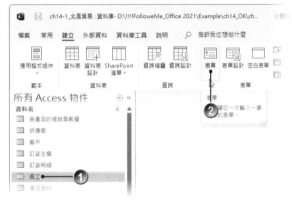

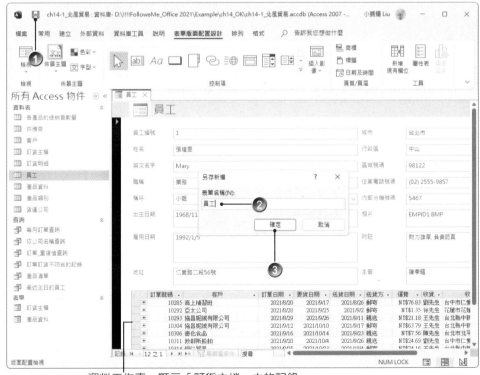

資料工作表－顯示「訂貨主檔」中的記錄

STEP3 **功能窗格** 中會自動建立 **表單** 群組並顯示所建立的 **表單** 物件。

上述範例雖然以「員工」資料表為表單的來源，但你是否已發現「員工」表單中含有對應的「訂貨主檔」資料？這是什麼原因呢？透過此範例資料庫的關聯圖，會看到「員工」與「訂貨主檔」資料表具有「一對多」的關聯。如果你曾經在「員工」資料表中建立「子資料工作表」，則所建立的「員工」表單就會自動內含對應的「訂貨主檔」資料工作表。

14-2-2 使用「表單精靈」建立新表單

在 表單精靈 中，可以從一個或多個 **資料表** 和 **查詢** 物件中，選取所要的欄位加到新表單；還可以設定如何檢視資料、使用何種版面配置、樣式、指定資料群組與排序方式；也可以事先設定 **資料表** 與 **查詢** 之間的關聯。

STEP1 開啟書附範例後，執行 **建立 > 表單 > 表單精靈** 指令。

STEP2 啟動 **表單精靈**，選擇要產生表單的來源物件，可以是 **資料表** 或 **查詢**。請選擇「供應商」資料表。

STEP3 **可用的欄位** 選擇「供應商編號」，按 ［ ＞ ］ 鈕將其加到 **已選取的欄位** 中。

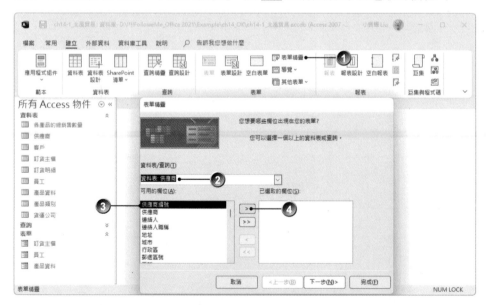

STEP4 重複步驟 3，依序加入所要顯示在表單的欄位，按【下一步】鈕。

📌 **說明**

所建立的表單中，如果要包含多個 **資料表** 或 **查詢** 的欄位，執行完步驟 4 的操作後，請先不要按【下一步】鈕。請重複執行步驟 2~3，直到設定妥當之後，再進行接下來的步驟。

STEP**5** 選擇表單的配置方式，點選 ⊙ **單欄式** 選項，按【下一步】鈕。

STEP**6** 輸入表單的標題－「供應商」，請點選 ⊙ **開啟表單來檢視或是輸入資訊** 選項，按【完成】鈕。預覽配置方式

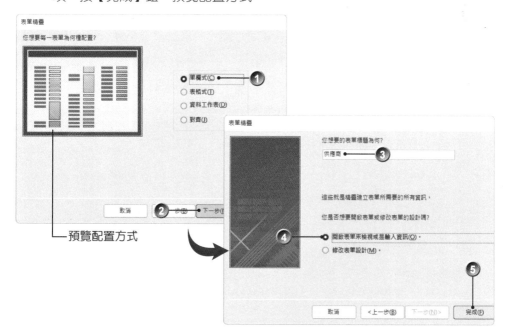

預覽配置方式

STEP**7** 系統會自動建立好新表單，並以 **表單檢視** 模式將其開啟。

　　針對 **表單精靈** 所建立的表單樣式或格式，若是希望進一步修改，則可以進入 **版面配置檢視** 或 **設計檢視** 模式中修訂。

14-3 表單的基本操作

　　這一節所要說明的主題，是如何在表單中輸入或編輯資料庫中原有的資料。另外，針對大量資料的篩選與排序工作，設計者也可以視需求，將其加入到表單之中，如此一般使用者亦可在表單中，執行這些常用且重要的功能。

14-3-1 變更表單的檢視方式

　　看完前面的說明，相信你已經明白表單可以顯示一筆記錄或多筆記錄，若要改變原來的檢視方式，應該如何操作呢？

STEP**1** 以 **設計檢視** 模式開啟「訂貨主檔」表單，同時會開啟 **欄位清單** 工作窗格，你可以先將它關閉。

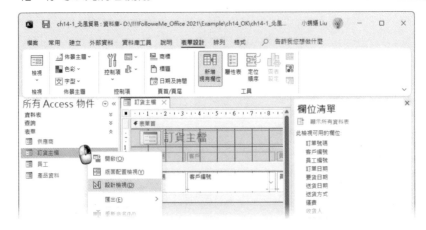

STEP2 執行 **表單設計 > 工具 > 屬性表** 指令,出現 **屬性表** 窗格,在 **選取類型** 下拉式清單中選擇 **表單**,將 **預設檢視方法** 屬性改為 **單一表單**。

按一下這裡,可以選取整個表單

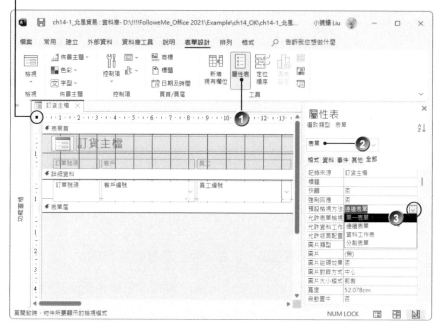

STEP3 切換到 **表單檢視** 模式,看看二種不同檢視方法的差異。

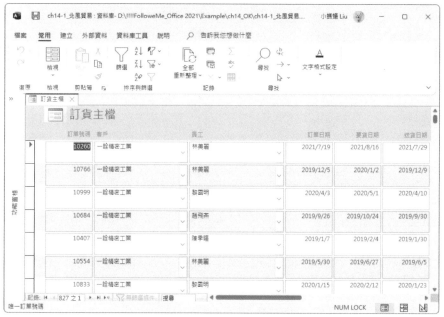

「連續表單」檢視(原來的預設值)

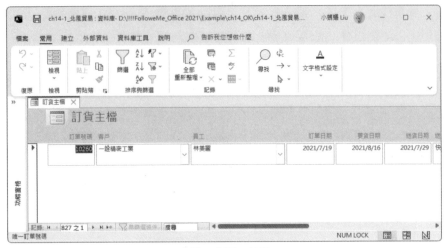

「單一表單」檢視

14-3-2 在表單中新增與編輯資料

若要在 **表單** 中輸入或編輯資料，請先切換至 **表單檢視** 模式。

STEP1 以 **表單檢視** 模式開啟「員工」表單，執行 **常用 > 記錄 > 新增** 指令。

STEP2 系統會新增一張空白表單,即可在各欄位中輸入相關資料。

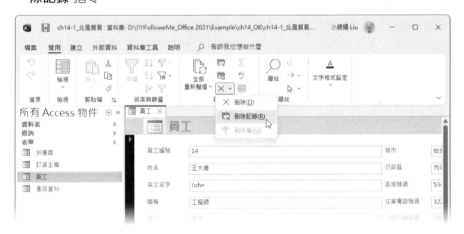

STEP3 若要刪除整筆記錄,請先選取要刪除的記錄,執行 **常用 > 記錄 > 刪除 > 刪除記錄** 指令。

表單中現有的資料也可以加以修改,請先切換到所要的那筆記錄,然後再點選要修改的欄位即可輸入新資料。表單其他的資料編輯,像是 **複製** 和 **搬移**…等,與 **資料表** 中的操作一樣,只要先選取所要的資料,再執行 **常用 > 剪貼簿 > 複製**、**剪下** 或 **貼上** 指令即可。

14-4 認識報表物件

動手建立「報表」之前，必須先思考所要顯示的資料是來自於什麼欄位，以及它們所在的 **資料表** 或 **查詢** 物件。**報表** 主要是用來列印各種關聯或獨立資料的統計或分析結果，**報表** 中的每一頁可以顯示多筆記錄，也可以針對欄位資料做分組小計或排序，還可在每一頁中加入彙總資料。

14-4-1 報表的資料來源

報表 的資料來源可以是內含基本資料或擷取的 **資料表** 或 **查詢**。如果 **報表** 中所要顯示的欄位是來自多個資料表，就必須使用已存在資料庫中的一個或多個 **查詢** 做為資料來源，若沒有對應的 **查詢**，則需依據報表需求額外建立新查詢。

> **説明**
>
> 因為 **報表** 主要是呈現各種關聯或獨立資料的統計或分析結果，所以實務上大多會以 **查詢** 做為資料來源，如此設計者不用再一一整理資料，可以專注在報表版面配置的設計。

14-4-2 報表的檢視模式

報表 提供了四種檢視模式，分別是 **報表檢視**、**預覽列印**、**版面配置檢視** 和 **設計檢視**，使用時機則是取決於要對報表與其資料做何種處理。

報表物件的各種檢視模式

● **報表檢視**：如果要在報表列印之前，針對所含的資料進行變更，或者要執行 **複製**、**貼上**…等工作，可以採用此種檢視模式。

● **版面配置檢視**：在此模式之下除了可以查看資料之外，還可以進行 **字型**、**格式**、**重新排列欄位**、**記錄**，或調整整個版面的樣式…等設計工作。針對較為細緻的設計工作，則仍需在 **設計檢視** 模式中處理。

● **設計檢視**：任何報表都可以進入 **設計檢視** 中調整版面，或是加入其他的 **控制項**（例如：**文字方塊**、**選項鈕**、**背景圖片**…等）。

● **預覽列印**：如果要事先審閱報表列印出來的外觀，可以使用此種檢視模式。

如果所設計的報表是採用「多欄」格式,只能在 預覽列印 模式中檢視欄的版面配置;而 版面配置檢視 與 報表檢視 模式都是以「單欄」格式顯示報表。

14-4-3 認識報表區段

進入報表的 設計檢視 模式時,會同時顯示 格線 和 尺規,在這個模式之下,所有的設定與操作指令都位於 設計 及 排列 索引標籤中。報表 中可以使用的 控制項 和 表單 幾乎一樣,唯一的差別是:報表 中的資料可以 分組列示。

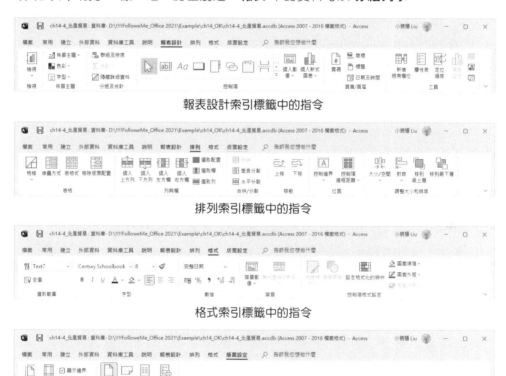

報表設計索引標籤中的指令

排列索引標籤中的指令

格式索引標籤中的指令

版面設定索引標籤中的指令

整個編輯區域內含主要的 7 個區段,分別為:報表首、頁首、詳細資料、群組首、群組尾、頁尾、報表尾,預設值只顯示 報表首、詳細資料 與 報表尾。若要建立實用的 報表,必須先了解每一個區段的功用,例如:要將 計算控制項 加入到哪一個區段,Access 會決定其顯示結果的方式。如果要顯示或隱藏 尺規、格線、

頁首 / 頁尾、報表首 / 報表尾，請在 **設計檢視** 模式下，於版面中按一下滑鼠右鍵，即可點選相關指令。

按一下這裡可以選取整張報表

顯示報表中主要的 7 個區段

● **報表首**：一般是用來顯示「封面頁」所要呈現的資訊，例如：公司 Logo、報表標題或日期…等。若在其中加入 **彙總函數** － Sum 計算控制項，會計算出整份報表的 **合計**。這個區段的資料會印在 **頁首** 區段之前，也就是整份報表的起始處，並且只會列印一次。

● **頁首**：這個區段中所放置的資料，會印在報表中每一頁的頂端，例如：在每一頁顯示重複報表標題，類似 Microsoft Word 表格中的「跨頁標題重複」功能。

● **群組首**：此區段中所放置的資料，會列印在每一個「新記錄群組」的起始處，例如：依照「日期」分組的報表，可以顯示「歸檔為群組首」區段來列印「日期」。若在其中加入 **彙總函數** － Sum 計算控制項，所計算出來的 **小計** 會適用於目前群組。

● **詳細資料**：這個區段主要是用來放置構成報表主體的控制項－關聯欄位，資料來源中的每一筆記錄都會列印一次。

● **群組尾**：可以用來顯示該記錄群組的 **摘要資訊**，資料會列印在每一個「新記錄群組」的結尾處。

Access 資料庫表單與報表

- **頁尾**：這個區段中所放置的資料，會印在報表中每一頁的尾端，例如：頁碼。

- **報表尾**：可用來列印整份報表的合計或其他摘要資訊，這個區段的資料會印在整份報表的結尾處，並且只會列印一次。

說明

- 報表中各個區段的大小，可以使用滑鼠在區段名稱上拖曳調整；若要調整報表的**寬度**、**高度**，請以滑鼠拖曳右側或下方邊界，如果拖曳版面右下角的對角線，可以等比例調整報表大小。

- 在 **設計檢視** 模式下，**報表尾** 區段是顯示在 **頁尾** 區段的下方，但是列印或預覽報表時，**報表尾** 的內容會顯示在 **頁尾** 的上方，並且緊接在整份報表的最後一頁、最後一個 **群組尾** 或 **詳細資料** 記錄的後面。

- **報表** 在設計時與 **版面配置** 是相關的，例如：設計好客戶的郵寄標籤之後，如果在一張 A4 大小的紙上採用「單欄」列印，是一件浪費的事！這時可以在 **版面設定** 對話方塊中設定 **欄數**，將報表版面做最佳的運用。

14-5 快速建立報表

在 Access 中建立表單最快的方法，是透過 **建立 > 報表** 功能區群組中的相關指令，你只要動一動滑鼠即可自動產生所需的報表。本章所使用的資料庫練習範例為「ch14-4_ 北風貿易 .accdb」，若要查看 **資料表** 之間的關聯，請執行 **資料庫工具 > 顯示 / 隱藏 > 資料庫關聯圖** 指令。

14-5-1 使用「報表」指令建立新報表

　　產生新報表最快的方法就是：先選擇要參照的來源 **資料表** 或 **查詢**，執行 **報表** 指令。使用這個指令所建立的報表，無需輸入任何資訊，系統會依據資料來源顯示所有的欄位。使用此方法所建立的報表，可能不是你想要的最後結果，但可以先將它儲存之後，再進入 **版面配置檢視** 或 **設計檢視** 模式修改。

STEP1　開啟範例之後，展開 **功能窗格**，選擇要製成 **報表** 的 **資料表** 或 **查詢** 資料庫物件，本例為「訂單小計」查詢；然後執行 **建立 > 報表 > 報表** 指令。

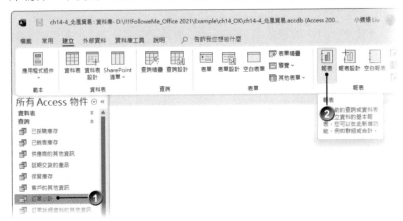

STEP2　系統即會自動產生新報表，並且以 **版面配置檢視** 模式顯示；按 **快速存取工具列** 上的 **儲存檔案** 🔲 鈕，將新建立的報表儲存為「訂單小計」，按【確定】鈕。

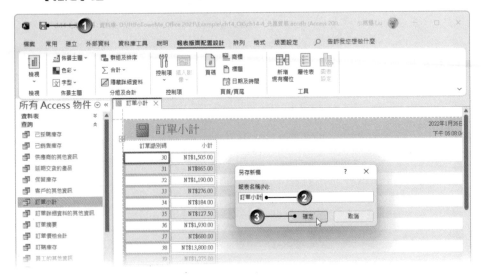

STEP3 **功能窗格** 中會自動建立 **報表** 群組，並顯示所建立好的 **報表** 資料庫物件－「訂單小計」。

📌 **說明**

檢視完畢之後可以關閉報表，如果資料來源－**資料表** 或 **查詢** 中的資料有異動，則下次開啟報表時，Access 會顯示資料來源中的最新資料。

14-5-2 使用「報表精靈」建立新報表

使用 **報表精靈** 可以選取多個 **資料表** 或 **查詢** 物件中的欄位組合成一張新報表，系統還會依來源的不同而分組。你也可以指定報表的排序欄位、配置方式及樣式。在 **報表精靈** 中可以設定如何檢視資料、使用何種版面配置、樣式，也可以指定資料群組與排序方式。

STEP1 開啟書附範例之後，執行 **建立 > 報表 > 報表精靈** 指令。

STEP2 啟動 **報表精靈**，在 **資料表 / 查詢** 下拉式清單中，選擇 **資料表：客戶**，選擇 **可用的欄位** 按 > 鈕，加入到 **已選取的欄位** 清單。

STEP3 重複步驟 2，在 **資料表 / 查詢** 下拉式清單中，選擇 **資料表：產品**，選擇 **可用的欄位** 按 > 鈕，加入到 **已選取的欄位** 清單，按【下一步】鈕。

STEP4 設定要如何檢視資料（資料分組的方式），點選 **以客戶**，按【下一步】鈕。

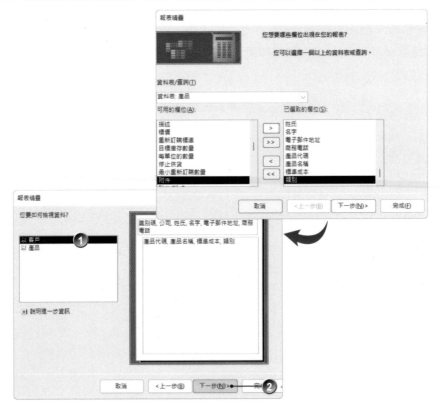

STEP5 是否要增加群組層次，選擇 **類別** 欄位，按 ▷ 鈕，按【下一步】鈕。

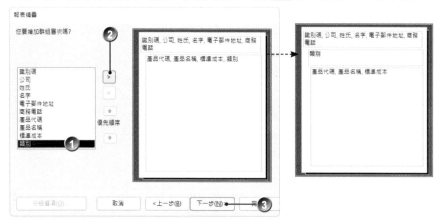

STEP6 設定排序欄位（最多四欄），此報表將以 **產品代碼** 做 **遞增** 排序，按【下一步】鈕。

STEP7 報表的 **版面配置** 點選 ⊙ **分層式**；列印方向 設定為 ⊙ **橫印**；勾選 ☑ **調整所有的欄位寬度，使其可全部容納在一頁中** 核取方塊，按【下一步】鈕。

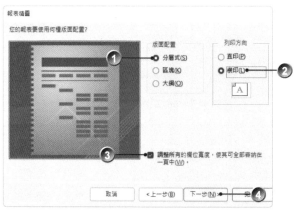

STEP8 將報表的標題輸入為「客戶訂購產品」，點選 ⦿ **預覽這份報表** 選項，按
【完成】鈕；系統會以 **預覽列印** 模式開啟這份報表。

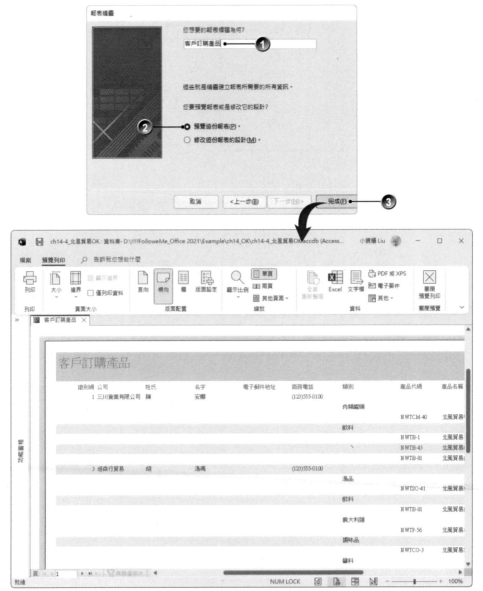

預覽列印模式下的報表外觀

STEP9 按 **儲存檔案** 🔲 鈕；執行 **預覽列印 > 關閉預覽 > 關閉預覽列印** 指令，會結束報表預覽，改以 **設計檢視** 模式顯示報表。

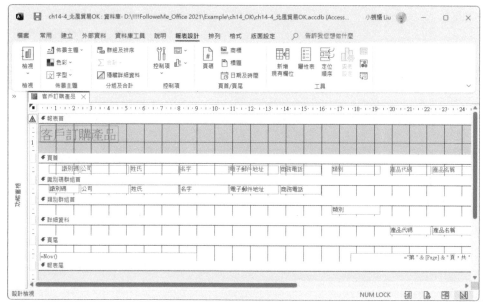

設計檢視模式下的報表

Note

使用Office圖片與圖案

Microsoft 365 中所有應用程式裡的 **圖片** 與 **圖案**（**文字方塊、藝術文字師** 與 **智慧圖形、圖示**）一向都是重要的物件，它們多半具有畫龍點睛的功效。基本上，這些物件的產生方式和處理方法都很類似，只要透過功能區群組的相關指令，就能快速建立、編修與美化文件！

15-1 插入圖片

「圖片」是指一些已經存在的圖形檔案，包括：市售商用圖庫光碟、繪圖軟體繪製的圖案、掃描而得的相片案，以及 Microsoft 365 提供的線上圖片…等。

15-1-1 從電腦插入圖片

使用 Office 應用程式不需安裝額外的圖形篩選程式，就可以插入各種不同檔案格式的圖片。

STEP**1** 將插入點游標移到希望圖片出現的位置，執行 **插入 > 圖例 > 圖片 > 此裝置** 指令。

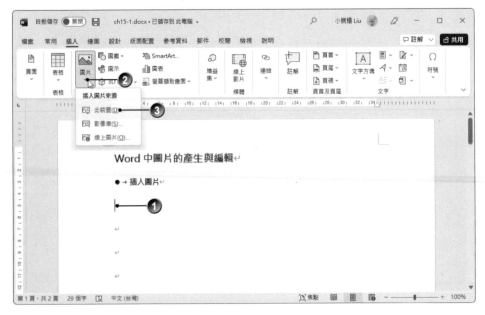

STEP**2** 出現 **插入圖片** 對話方塊，切換路徑至圖片存放的位置，選取圖形檔名稱（按 Ctrl 鍵可以複選），按【插入】鈕。

點選後可以選擇插入的檔案類型

STEP3 文件中即會插入指定的圖片,而且圖片會呈現選取狀態;應用程式也會自動顯示 **圖片格式** 索引標籤,讓使用者進行圖片格式的相關設定。

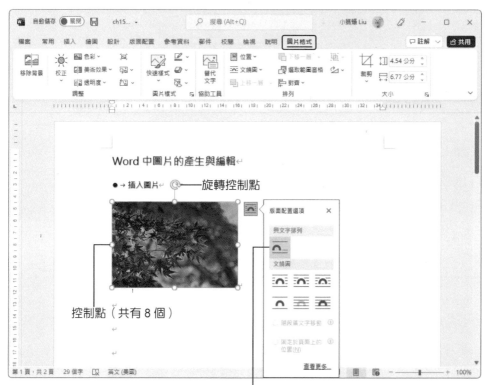

圖片的版面配置,預設是「與文字排列」

15-1-2 插入線上圖片

使用者無論身在何處,只要連線上網就能透過 Bing 搜尋引擎、個人雲端空間 OneDrive 取得所要的圖片檔案。

STEP1 將插入點游標移到文件中要插入圖片的位置，執行 **插入 > 圖例 > 圖片 > 影像庫** 指令。

STEP2 出現如下圖所示畫面，請先選擇影像類別，再點選所要的圖片，按【插入】鈕。

STEP3 將插入點游標移到文件中要插入圖片的位置，執行 **插入 > 圖例 > 圖片 > 線上圖片** 指令。

STEP4 出現 **線上圖片** 對話方塊，預設會提供 2 種插入圖片方式：

◆ 其一：先選擇清單中的類別—**秋天**，再於清單中選擇喜歡的圖片，按【插入】鈕。

◆ 其二：請先在文字框中輸入要插入圖片類型的關鍵字，例如：**卡通人物**，按 Enter 鍵。

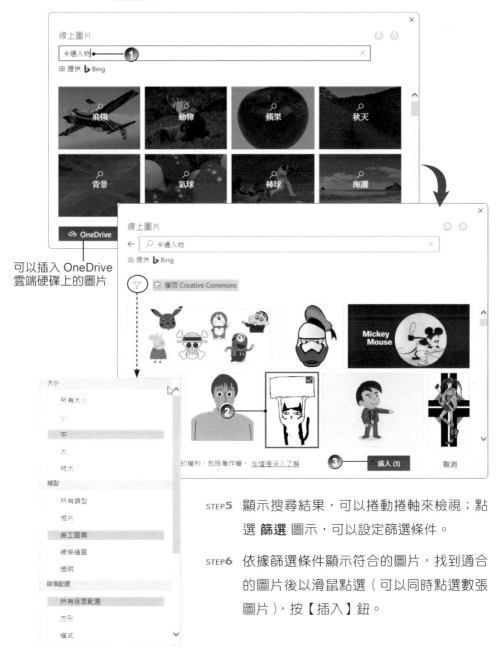

可以插入 OneDrive
雲端硬碟上的圖片

STEP**5** 顯示搜尋結果，可以捲動捲軸來檢視；點選 **篩選** 圖示，可以設定篩選條件。

STEP**6** 依據篩選條件顯示符合的圖片，找到適合的圖片後以滑鼠點選（可以同時點選數張圖片），按【插入】鈕。

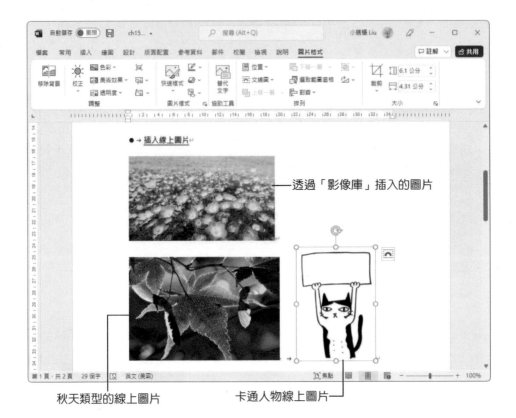

透過「影像庫」插入的圖片

秋天類型的線上圖片　　　　卡通人物線上圖片

15-1-3 插入圖示

Microsoft 365 可以在 Word 文件、PowerPoint 簡報、Excel 試算表中，插入能夠調整大小、旋轉、調整色彩、設定圖形效果的向量圖案—圖示，調整儲存之後不會降低影像品質。

STEP**1** 先將插入點游標移到文件中要插入 **圖示** 的位置，再執行 **插入 > 圖例 > 圖示** 指令。

STEP**2** 出現如下圖所示的畫面，請先選擇圖示的類別，再於清單中點選要插入的圖示（可以同時點選數個圖示），按【插入】鈕。

STEP**3** 點選插入文件中的圖示,可以透過 **圖形格式** 索引標籤中的相關指令,變更
圖形樣式、**圖形效果**、**圖形填滿** 與 **圖形外框** 的色彩。

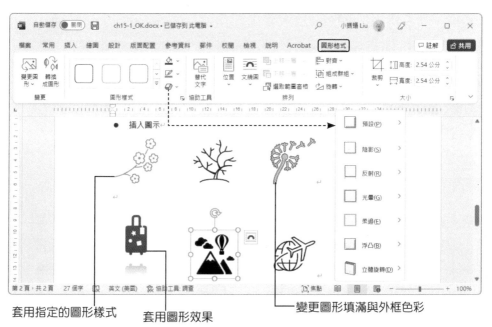

套用指定的圖形樣式　　　套用圖形效果　　　變更圖形填滿與外框色彩

STEP4 點選圖示之後，執行 **圖形格式 > 變更 > 轉換成圖形** 指令，可以各別移動或編輯圖形片段。

15-2 編輯與調整圖片

　　將圖片插入到文件之後，可以拖曳任意控制點調整圖片，或者拖曳「旋轉」控制點改變圖片的呈現角度；當然也可以透過圖片對應的 **格式** 功能區群組中的指令，設定圖片的樣式與效果。

15-2-1 調整圖片大小

　　如果要精確地指定圖片尺寸，請先點選圖片，於 **圖片格式 > 大小** 功能區群組中，指定圖片的 **高度** 與 **寬度**，預設會以等比例縮放；若點選其中的 **對話方塊啟動器** ⓘ，則會出現 **版面配置** 對話方塊的 **大小** 標籤，取消勾選 □ **鎖定長寬比** 核取方塊，即可任意設定圖片的長寬。

15-2-2 裁剪圖片

　　裁剪 指令除了可以在不改變原圖形比例的情形下，以拖曳控制點的方式將圖片進行裁切外，也可以裁剪成各種特定形狀，或依固定長寬比例裁切，以符合圖案大小或填滿圖案。

STEP**1**　選取要裁剪的圖片，執行 **圖片格式 > 大小 > 裁剪** 指令，執行下列的任一操作，若要結束裁剪圖片的動作，請按 `Esc` 鍵。

◆ 執行 **剪裁** 指令，在出現的剪裁控制點上向內拖曳，進行裁剪。

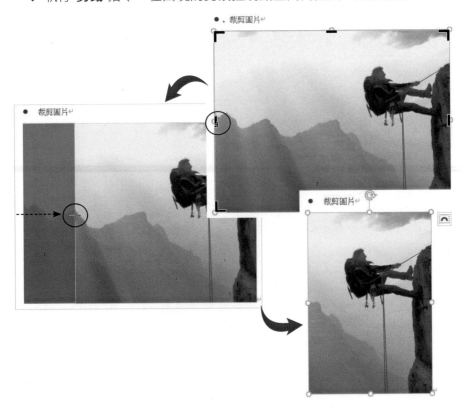

◆ 執行 **裁剪成圖形** 指令,可以從清單中選擇一種形狀,系統會自動修剪圖片以符合圖案外框輪廓,並維持圖片的比例。

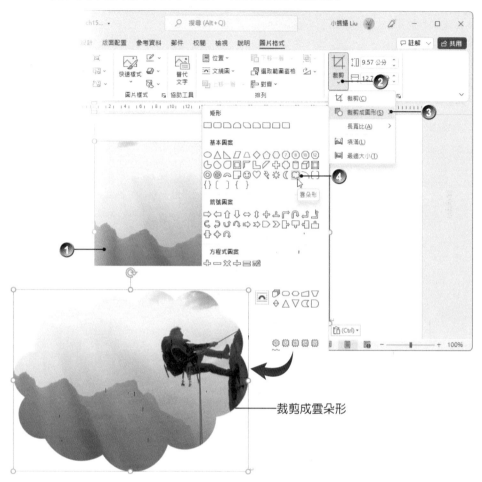

裁剪成雲朵形

◆ 要裁剪成相同的長寬比,則指到 **長寬比** 指令,從清單中選擇一種固定比例。

裁剪成「方形 1:1」

裁剪成「直向 2:3」

STEP**2** 剪裁圖片後可以再使用 **填滿** 或 **最適大小** 指令，調整套用範圍。

◆ 執行 **裁剪 > 填滿** 指令，可以重新調整圖片大小，使其填滿整個裁剪區域，並保留原始的長寬比。

◆ 執行 **剪裁 > 最適大小** 指令，如果圖片經過剪裁之後未能完全顯示在裁剪區域內，透過這個指令，可以讓圖片在維持原始圖片長寬比的條件下，自動縮放至裁剪區域中。

裁剪圖片後，被裁剪的部分仍是圖片檔案的一部分，若將裁剪的部分移除，可以縮減檔案大小，也可避免被他人看到剪裁掉的部分。

STEP**1** 選取要捨棄不必要區域的圖片，執行 **圖片格式 > 調整 > 壓縮圖片** 指令。

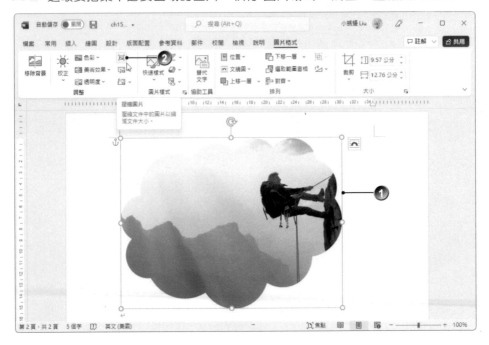

STEP**2** 出現 **壓縮圖片** 對話方塊，在 **壓縮選項** 中勾選 ☑ **刪除圖片的裁剪區域** 核取方塊，按【確定】鈕。

取消此核取方塊會移除文件中所有圖片的裁剪區域

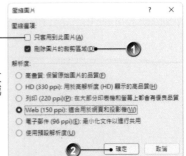

15-2-3 設定圖片的視覺效果

現在只要一個動作就可以輕鬆設定文件中圖片的視覺效果，例如：**羽化、浮凸、透視、色調、濾鏡**…等，只要一個動作就可以完成，不像以前只能先在影像處理軟體中調整後才插入到文件。

STEP1　選取要設定的圖片，按下 **圖片格式 > 圖片樣式** 功能區的 **其他** 鈕，從展開的清單中立即預覽各種樣式套用的效果。

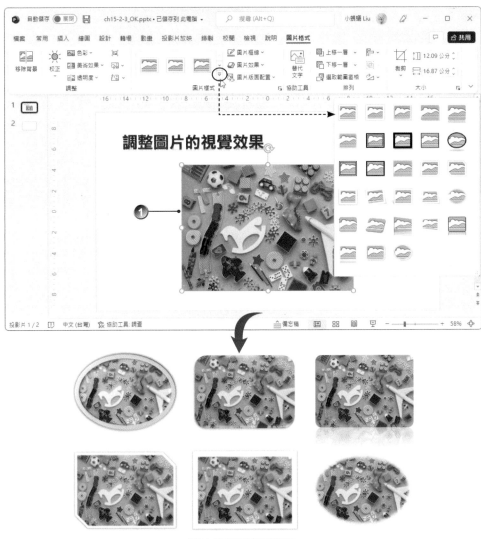

圖片的各種套用效果

STEP**2**　透過 **調整** 功能區群組中的指令，可以調整影像的 **對比、亮度、色彩、透明度、美術效果**（類似影像處理軟體中的「濾鏡」）。

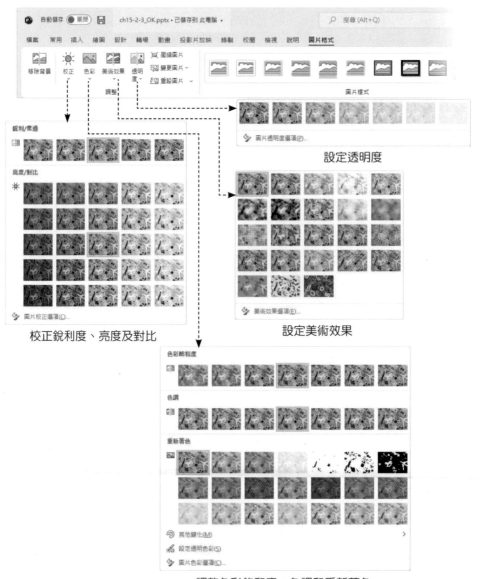

校正銳利度、亮度及對比

設定透明度

設定美術效果

調整色彩飽和度、色調和重新著色

STEP**3**　從 **圖片工具 > 格式 > 圖片樣式 > 圖片效果** 指令，可以將圖片或美工圖案，加上各種圖片效果，包括：**陰影、光暈、柔邊、浮凸、立體旋轉**…等。除此之外，還能開啟 **設定圖片格式** 工作窗格進行更細部的設定。

STEP4 針對圖片進行各種格式與樣式設定之後，若想變更圖片但保留所做的調整（不包括已經進行的 **校正**、**色彩** 和 **美術效果**），可以先選取圖片，然後執行 **調整** 功能區群組中的 **變更圖片** 指令，將已套用樣式的影像更換為另一張圖片，並保留相關的格式設定和大小。

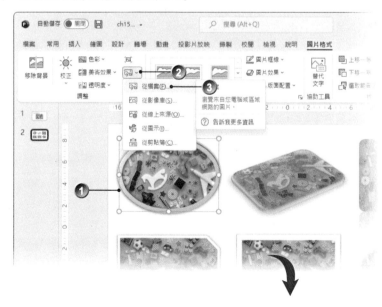

STEP5 如果要移除各種效果，可點選 **重設圖片** 指令，將所有效果移除還原到預設狀態；**重設圖片與大小** 指令，除了移除效果外，也會還原為原始的圖片尺寸。

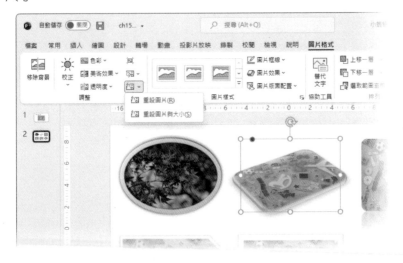

15-2-4 移除圖片的背景

移除背景 指令可以自動移除圖片中不要的部分（就是常聽見的為圖片「去背」），適用於有明顯主題與輪廓的圖片。必要的時候，可以使用標記，標示出要在圖片中保留或移除的區域。

STEP1 點選要移除背景的圖片，執行 **圖片格式 > 調整 > 移除背景** 指令。

STEP2 圖片上自動標示出去除背景的範圍，同時顯示 **背景移除** 索引標籤，你可以做下列調整：

◆ 點選 **細部修改 > 標示要移除的區域** 指令，滑鼠游標會變成「筆」的樣式，在圖片上拖曳畫出要移除的區域，表示該部分要去背。

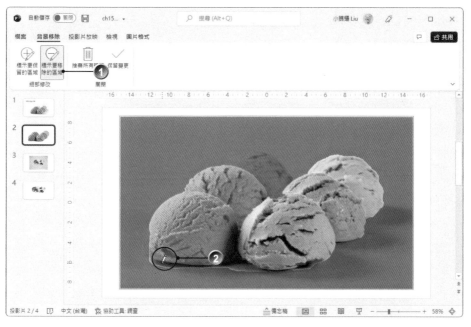

◆ 點選 **細部修改 > 標示要保留的區域** 指令，滑鼠游標會變成「筆」的樣式，在圖片上拖曳畫出要保留的區域，表示該部分要保留。

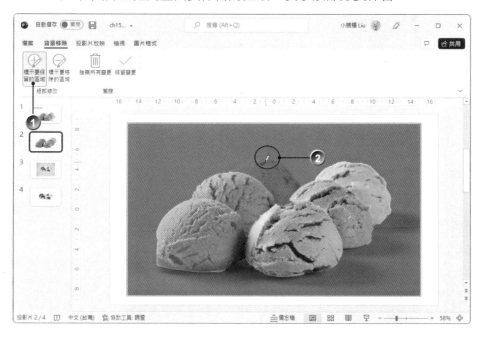

STEP3 完成去背範圍的調整後，執行 **背景移除 > 關閉 > 保留變更** 指令，完成去背程序；或點選 **捨棄所有變更** 指令，取消所有去背動作。

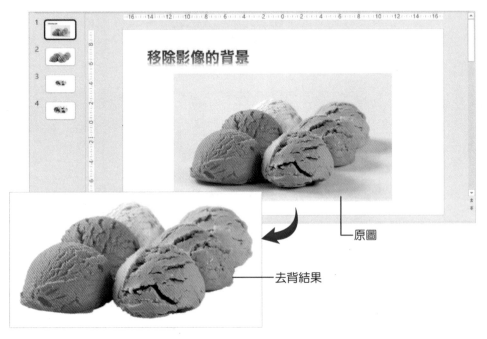

原圖

去背結果

15-3 筆跡書寫與繪圖

如果電腦具有觸控功能，即能透過手指、滑鼠或數位筆在 Word、Excel 和 PowerPoint 手繪圖案，當然也可以建立手寫筆跡與重點醒目提示；此外，還能將手繪的筆跡轉成文字或圖案。

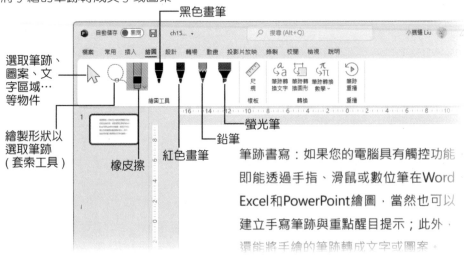

黑色畫筆

選取筆跡、圖案、文字區域…等物件

繪製形狀以選取筆跡（套索工具）

橡皮擦

紅色畫筆

鉛筆

螢光筆

筆跡書寫：如果您的電腦具有觸控功能，即能透過手指、滑鼠或數位筆在Word、Excel和PowerPoint繪圖，當然也可以建立手寫筆跡與重點醒目提示；此外，還能將手繪的筆跡轉成文字或圖案。

● **文字醒目提示**：點選 **繪圖 > 繪圖工具 > 螢光筆** 指令，視需要設定筆畫的 **粗細** 與 **色彩**，然後在要標示的文字上畫線。

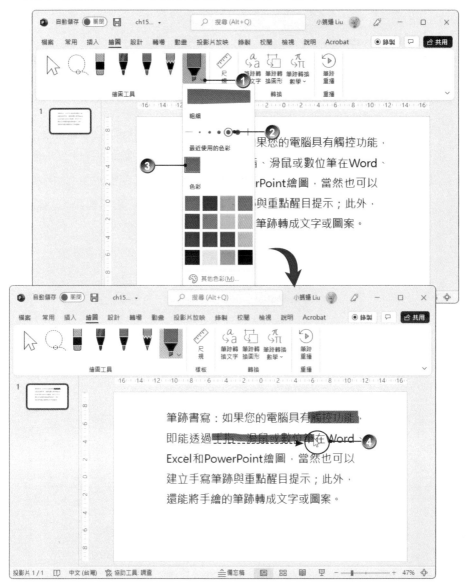

● **手繪圖形**：如果要在文件中以手寫方式繪出圖形或書寫文字，請先執行 **繪圖 > 繪圖工具 > 紅色** 或 **黑色** 畫筆，然後於清單中設定筆畫的 **粗細** 與 **色彩**，接著就能以手寫筆書寫文字。

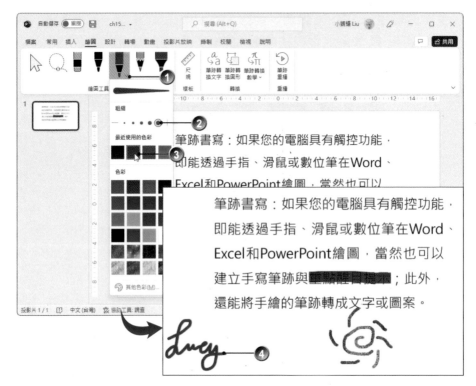

● **橡皮擦**：無論是手繪圖形、手寫筆跡、醒目提示筆跡，都可以透過 **繪圖 > 繪圖工具 > 橡皮擦** 指令來清除，視需要先設定 **粗細** 與 **類型**，將游標移到要擦去的筆畫上點選即可清除。

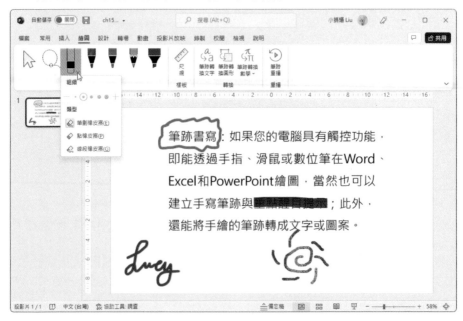

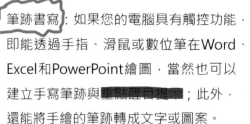

已清除部分筆跡

● **筆跡轉換文字、筆跡轉換圖形**：無論是手寫文字或手繪圖形，繪製完成之後，先執行 **繪圖 > 繪圖工具 > 套索工具** 指令，畫出要進行轉換的筆畫範圍，再執行 **繪圖 > 轉換 > 筆跡轉換文字** 或 **筆跡轉換圖形** 指令，系統會進行判讀。

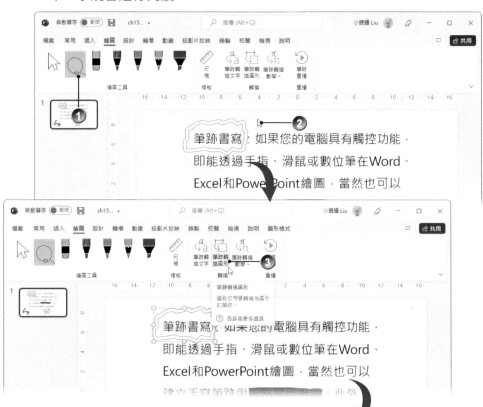

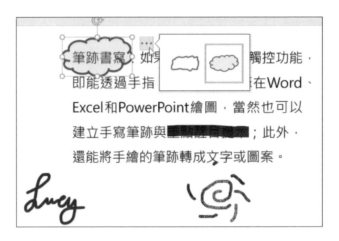

● **筆跡重播**：可以瀏灠筆跡的建立過程。

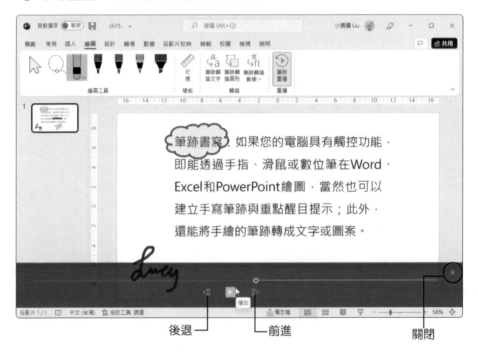

如果希望在閱讀文件時，視線不受手寫筆跡干擾，可以執行 **校閱 > 筆跡 > 隱藏筆跡 > 隱藏筆跡** 指令，將手寫筆跡隱藏；再執行一次，則會顯示。

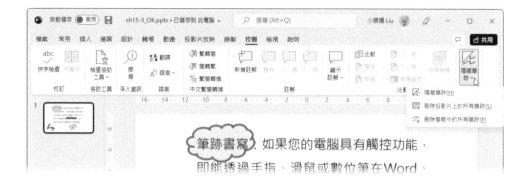

筆跡書寫：如果您的電腦具有觸控功能，
即能透過手指、滑鼠或數位筆在Word、

15-4 產生藝術文字

透過 **文字藝術師** 可以建立各種特殊造型的文字效果，因為它也算是 **文字方塊**，所以能套用多種格式和效果。

STEP**1**　執行 **插入 > 文字 > 文字藝術師** 指令，從展開的圖庫清單中選擇一種樣式。

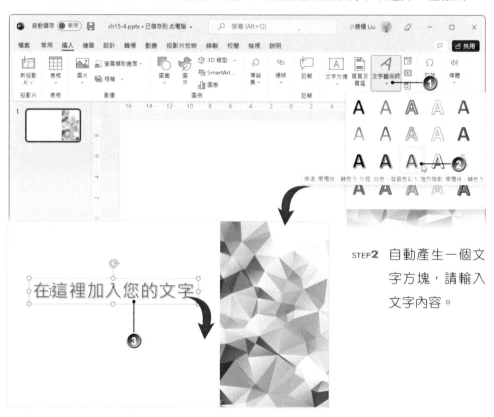

STEP**2**　自動產生一個文字方塊，請輸入文字內容。

STEP3 透過 **圖形格式 > 文字藝術師樣式** 功能區群組中的指令，可更換樣式、變換文字填色、文字框線及各種文字效果。

15-5 建立智慧圖形

智慧圖形（SmartArt）包括：清單、流程圖、循環圖、階層圖、關聯圖、矩陣圖、金字塔圖…等七種以非數字為基礎的概念性圖表。每一種圖形都有多種樣式可供選擇，讓你輕輕鬆鬆就完成資料型圖表的建立與編修。這些 **智慧圖形** 的建立程序很類似，我們以常見的 **階層圖**（組織圖）為例說明。

15-5-1 建立階層圖

「階層圖」中最常使用的類型就是「組織圖」，常見於各公司企業，從簡單的圖表關係中，就可以明白公司的組織架構。

STEP1 點選要建立階層圖的投影片，若已將組織內容分段落建立好，可選取該文字方塊後，執行 **常用 > 段落 > 轉換成 SmartArt 圖形** 指令，展開清單選擇所需圖形，此處選擇 **組織圖**。

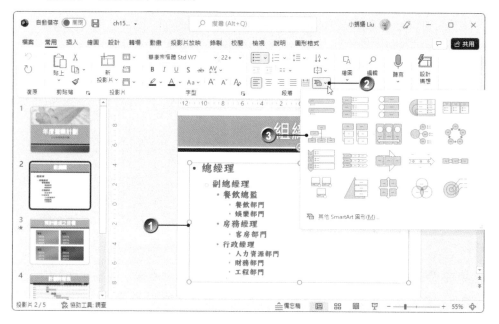

STEP2 立即產生基本組織圖，**SmartArt 設計** 索引標籤也會自動出現，第一階圖案為選取狀態；並顯示 **文字窗格輸入** 視窗。如果沒有顯示，請點選 **SmartArt 設計 > 建立圖形 > 文字窗格** 指令。

STEP3 開始編修內容或增加文字，當輸入的內容較多時，文字會自動換行並調整大小；若要強迫換行，可按 `Shift` + `Enter` 鍵。

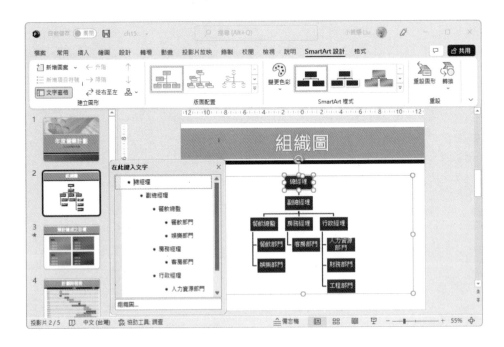

15-5-2 編修階層圖

階層圖建立後可再視需要調整結構,執行時必須先選取目標圖案,再進行變更作業。

STEP**1** 要在「總經理」下增加「特別助理」,請先點選「總經理」圖案,再點選 **SmartArt 設計 > 建立圖形 > 新增圖案 > 新增助理** 指令。

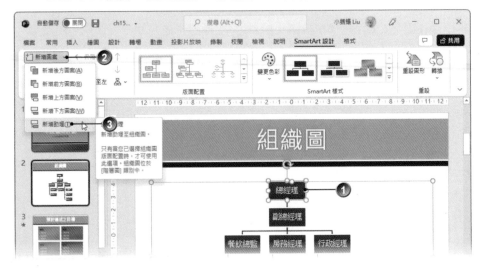

STEP2 「總經理」圖案下方會新增一個圖案,點選新圖案,將 **文字窗格** 開啟並輸入內容。

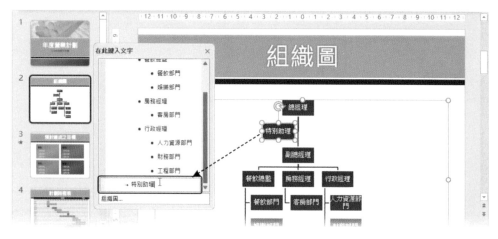

STEP3 重複上述步驟新增其他組織圖案、升 / 降階或移動圖案。若要刪除圖案,可點選後按 Del 鍵刪除,階層圖會自動調整版面大小。

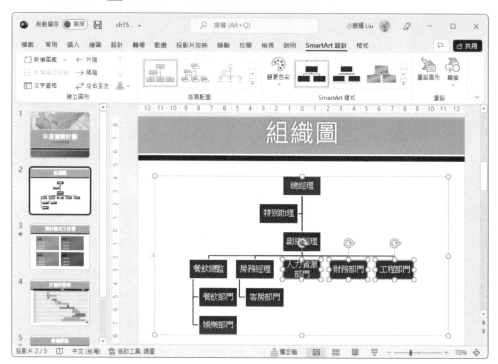

將行政經理下的三個部門「升階」之後,刪除行政經理

STEP4 階層圖結構調整好之後，可以拖曳畫布四周的 **控制點**，調整圖表大小。

STEP5 建立好的 **SmartArt 圖形** 可以再透過 **SmartArt 設計 > SmartArt 樣式** 及 **格式** 功能區群組中的各種指令，快速套用樣式、改變色彩配置及對個別圖案進行格式化。

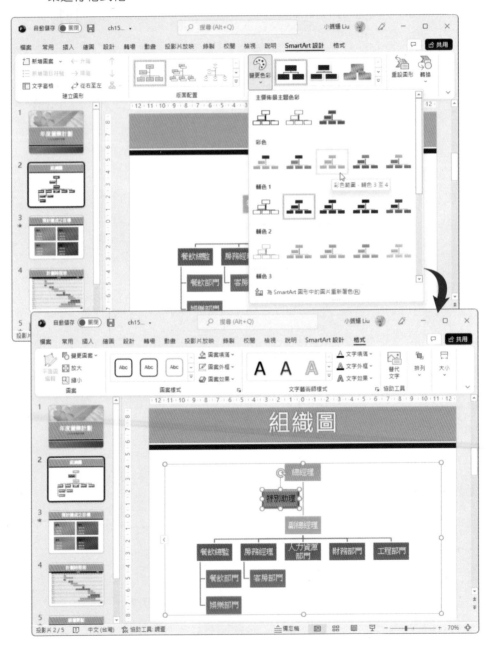